读，写，拥有
区块链网络引领智能新时代
Read Write Own: Building the Next Era of the Internet

[美] 克里斯·迪克森
Chris Dixon / 著

董鹏飞 / 译　张雅琪 / 审校

中信出版集团｜北京

图书在版编目（CIP）数据

读，写，拥有 /（美）克里斯·迪克森著；董鹏飞译 . -- 北京：中信出版社，2025.6. -- ISBN 978-7-5217-7378-1

I. TP311.135.9-49

中国国家版本馆 CIP 数据核字第 20257N20Y8 号

Read Write Own: Building the Next Era of the Internet by Chris Dixon
Copyright © 2024 by Chris Dixon
Simplified Chinese translation copyright © 2025 by CITIC Press Corporation
ALL RIGHTS RESERVED
本书仅限中国大陆地区发行销售

读，写，拥有

著者：　　[美]克里斯·迪克森
译者：　　董鹏飞
出版发行：中信出版集团股份有限公司
　　　　　（北京市朝阳区东三环北路 27 号嘉铭中心　邮编　100020）
承印者：　北京通州皇家印刷厂

开本：787mm×1092mm 1/16　　印张：18.5　　字数：265 千字
版次：2025 年 6 月第 1 版　　　　　印次：2025 年 6 月第 1 次印刷
书号：ISBN 978-7-5217-7378-1　　　京权图字：01-2025-0986
定价：79.00 元

版权所有·侵权必究
如有印刷、装订问题，本公司负责调换。
服务热线：400-600-8099
投稿邮箱：author@citicpub.com

致埃琳娜（Elena）

当伟大的创新诞生时，它几乎肯定会以一种混乱、不完整且令人困惑的形式展现。

创新者本人可能只是略知一二，其他人更是云里雾里，摸不着头脑。任何一种乍看起来不够疯狂的设想，都是没有希望的。[1]

——弗里曼·戴森

目录

引言 5
 网络发展的三个时代 13
 新运动 15
 看清真相 17
 决定互联网的未来 19

第一部分　读，写

第一章　网络为何至关重要 3
第二章　协议网络 8
 协议网络简史 8
 协议网络的优势 17
 RSS 的衰落 21
第三章　企业网络 27
 模仿技术和原生技术 27
 企业网络的崛起 30
 企业网络的问题：吸引—榨取循环 34

第二部分　拥有

第四章　区块链　47
为什么计算机很特别：平台与应用反馈循环　47
两种技术路径："由内而外"和"由外而内"　50
区块链是一种新型计算机　53
区块链的工作原理　54
区块链为何至关重要　63

第五章　代币　68
单人模式技术和多人模式技术　68
代币代表所有权　70
代币的用途　72
数字所有权的重要性　77
下一个大事件一开始看起来像是个玩具　79

第六章　区块链网络　84

第三部分　一个新时代

第七章　社区共创软件　99
改装、混搭和开源　102
可组合性：软件就像乐高积木一样可随意拼搭　104
大教堂与集市　108

第八章　费率　110
网络效应推高了费率　111
你的费率就是我的机会　115
挤压气球效应　119

第九章　利用代币激励构建网络　125
　　激励软件开发　125
　　克服启动难题　128
　　代币的自我营销　131
　　让用户成为主人　134

第十章　代币经济学　138
　　水龙头与代币供应　139
　　排水口与代币需求　141
　　可以用传统金融方法对代币进行估值　144
　　金融周期　146

第十一章　网络治理　151
　　非营利模式　154
　　联邦网络　155
　　协议政变　158
　　区块链作为网络"宪法"　161
　　区块链治理　161

第四部分　此时此地

第十二章　计算机文化与赌场文化　167
　　代币监管　168
　　所有权与市场密不可分　173
　　有限责任公司：一个监管成功的案例　175

第五部分　未来展望

第十三章　iPhone 时代：从孵化到成长　179

第十四章　一些前景广阔的应用　　　　　　　　183
　　社交网络：数百万个有利可图的细分市场　　　183
　　游戏与元宇宙：谁将拥有虚拟世界　　　　　　188
　　NFT：丰裕时代的稀缺价值　　　　　　　　　192
　　合作编写故事：释放梦幻好莱坞的想象力　　　201
　　将金融基础设施打造为公共产品　　　　　　　204
　　人工智能：为创作者打造新经济契约　　　　　211
　　深度伪造：超越图灵测试之后的新挑战　　　　218

结语　　　　　　　　　　　　　　　　　　　　222
　　重塑互联网　　　　　　　　　　　　　　　　222
　　乐观的理由　　　　　　　　　　　　　　　　224

致谢　　　　　　　　　　　　　　　　　　　　227
注释　　　　　　　　　　　　　　　　　　　　229

引言

或许，互联网堪称 20 世纪最杰出的发明。就像印刷术、蒸汽机、电力这些早期发明带来技术革命一样，互联网的出现也使世界发生了翻天覆地的变化。

但与许多其他发明不同的是，互联网的经济价值并不是立即显现的。其缔造者并未将网络建构为一个中心化的组织，而是将其打造成一个开放平台。艺术家、开发者、企业、用户等所有人，都可以自由平等地访问这个平台。只需付出较低的成本，并且无须任何许可，任何人都能在任何地点创建并分享代码、艺术作品、文稿、音乐、游戏、网站、创业项目，乃至梦想中的任何事物。

无论你创造了什么，都归属于你。只要你遵纪守法，就没有人能轻易改变施加在你身上的规则，没有人能从你身上榨取额外的金钱，也没有人能剥夺你的创作成果。互联网的初衷是无须许可和民主治理，这一点在其初始网络、电子邮件和万维网等设计中都得到了充分体现。在这个平台上，所有参与者都享有平等的权利，没有谁拥有超出他人的特权。网络为每个人提供了创作空间，还让每个人都能拥有自己的创意及其潜在的经济价值。

自由与主人翁意识激发了创意和创新的黄金时代，推动了互联网在20世纪90年代和21世纪的迅猛发展，为我们带来了琳琅满目的应用。这些应用极大地改变了我们的世界，重塑了我们的生活、工作和娱乐方式。

然而有一天，一切都变了。

自2005年左右，网络控制权逐渐被少数几家大公司篡夺。如今，在社交网络流量中，排名前1%的应用占据了高达95%的份额；[1] 在社交移动应用使用量中，它们占据了86%的份额。类似地，在搜索流量中，排名前1%的搜索引擎占据了97%的份额；[2] 在电子商务领域，排名前1%的电子商务网站占据了57%的流量。在中国以外的地区，苹果和谷歌在移动应用商店的市场份额超过95%。过去10年来，在纳斯达克100指数的市值中，五大科技公司的占比已从大约25%增长至近50%。[3] 初创企业和创作者越来越依赖于网络来寻找客户、扩大受众并与同行建立联系。毋庸置疑，这些网络的运营者是诸如Alphabet（谷歌和优兔的母公司）、亚马逊、苹果、Meta（脸书和照片墙的母公司）以及最近更名为X的推特等科技巨头。

换言之，互联网已经遭受了中介化——从原本无须许可模式转变为需要许可的模式。

好消息是，互联网使数十亿人获得了令人惊叹的技术——其中许多都是免费的。然而，对这数十亿人来说，坏消息则是他们的互联网体验正被一小撮以广告为主要收入来源的企业所掌控。这种中心化的互联网运营模式意味着，用户面临着更少的软件选择、更低程度的数据隐私保护，以及对自己在线生活更弱的掌控力。那些希望在互联网上蓬勃发展的初创企业、创作者和其他群体，正面临着巨大的挑战，并且越来越担心中心化平台会通过修订规则来剥夺他们的受众、经济利益和影响力。

尽管科技巨头为我们带来了巨大的价值,但它们也带来了显著的负面影响。其中一个普遍存在的问题就是,对用户行为的监控。Meta、谷歌和其他基于广告业务的公司,运行着精心设计的跟踪系统,监视着用户在平台上的每一次点击、搜索和社交互动。[4]这种行为使得互联网充满了对抗性:据估计,有40%的互联网用户使用广告拦截器来对抗这些跟踪系统。[5]苹果公司将隐私保护作为其市场营销策略的核心,这既是对Meta和谷歌的含蓄嘲讽,也是为了扩大自己的广告网络。[6]为了使用在线服务,用户不得不同意复杂的隐私条款——几乎没有人会认真阅读这些条款;即使读了,也很少有人能真正理解。这些复杂的条款通常都允许服务商随意使用用户的个人数据。

此外,科技巨头还控制着我们的所见所闻。其最显性的控制手段是"平台封禁"[7]:服务商常以非透明的内部流程将用户逐出平台,且无须遵循正当程序。更隐蔽的审查形式则是"影子禁令"*——用户可能在完全不知情的状态下被系统性限流。[8]搜索和社交排名算法正在改变我们的生活,它们可以成就或毁灭一家企业,甚至可以影响选举结果。但问题在于,控制这些算法并运行代码的企业管理团队,既不需要对公众负责,也不需要接受公众的监督。

一个更为隐晦但同样令人不安的问题是,这些掌握网络权力的中间商,正在束缚和抑制初创企业的发展,强制对创作者征收

---

* 影子禁令,即仅特定人群可见甚至是全部不可见,或者是限流等。在此情况下,发布者往往不知情。——译者注

高额"过路费",并剥夺用户的权利。这些精心设计的网络带来三个显著的负面影响:(1)扼杀创新,(2)对创意征"税",(3)将权力和财富集中到少数人手中。

鉴于网络是互联网的杀手级应用,上述情况就显得尤为危险。人们在互联网上所做的大多数事情都与网络息息相关:无论是网页浏览、电子邮件通信、社交应用(如照片墙、抖音和推特等)使用,还是支付应用(如贝宝和 Venmo 等),抑或是交易平台(如爱彼迎和优步等)等,几乎所有对我们有用的在线服务都离不开网络的支持。

网络,不仅包括计算机网络,还涵盖了开发者平台、交易平台、金融网络、社交网络和各种在线社区等。这些一直都是互联网承诺的重要组成部分。开发者、企业家和广大网民共同孕育和滋养了数以万计的网络,掀起了规模空前的创造与协作浪潮。然而遗憾的是,这些活跃的网络现今大都已被私营企业所拥有和控制。

"需要许可"带来一系列的问题。如今,创作者和初创企业要想推出并发展新产品,必须先获得中心化把关者及在位企业的许可。在商业世界中,获取这种许可并不像向父母或老师请求那样简单明了(你可以得到一个简单直接的"行"或"不行"的答案),也不像等待交通信号灯那样有明确的规则可循。商业世界中的专制往往以"许可"的面目出现,难以辨识。占统治地位的科技企业利用许可赋予的权力,阻碍竞争、垄断市场和榨取高额租金。

这些租金显然高得离谱。脸书、照片墙、优兔、抖音和推特这五大社交网络,每年的营收额约为 1 500 亿美元。几乎所有主流社交网络的"抽成"（网络所有者从网络用户那里攫取的收入）比例都已达到或接近100%。唯一的例外是优兔，其抽成比例为45%，稍后我们将详细探讨其原因。这意味着1 500亿美元中的绝大部分都流入了这些企业的口袋，而那些真正做出贡献、打造应用，为所有人创造价值的用户、创作者和企业家却收益甚微。

从全球范围来看，手机在信息处理领域的主导地位加剧了这种不平衡。人们每天在互联网设备上花费约7小时，[9] 其中一半以上时间都花在了手机上，[10] 而手机应用则占据了其中的90%。这意味着人们每天大约有3小时都花在了应用商店的两大寡头——苹果和谷歌的产品上。这两家公司在用户付款流水中抽取高达30%的费用，[11] 这是支付行业标准的10倍以上。如此高的抽成比例在其他市场中是前所未有的——这些公司的霸道行为可见一斑。

这就是我常说的企业网络"创税"能力。

科技巨头还利用手中的权力碾压甚至扼杀竞争对手，削减消费者的选择。在21世纪10年代初期，脸书和推特突然采取大规模的反社交行动，封禁了许多在其平台上为用户创建应用的第三方公司。这些突如其来的举措给开发者和平台用户带来了沉重打击——产品种类减少、选择受限、自由度降低。随后，其他大型社交平台也纷纷效仿。如今几乎没有人愿意在社交网络上尝试创建新的初创项目，那是因为开发者深知——不能在流沙上建造地基。

无论是面对面的还是在线的社交网络，都是人与人之间联系和协作的核心。它是各年龄段人群使用最广泛的应用程序之一，但多年来，却没有一个初创项目能在这些平台上存活下来，更不用说茁壮成长了。原因很简单，科技巨头掌握着绝对的话语权！

脸书并非唯一反复无常的把关人，其他平台也同样冷酷无情。脸书在回应 2020 年年底美国联邦贸易委员会和各州检察长提起的反垄断诉讼时指出了这一点。[12] 在谈到该平台对第三方应用进行阉割的做法时，脸书发言人声称"这种限制是行业的标准做法"，并引用了领英、拼趣（Pinterest）和优步等多个公司制定的类似政策，来证明自己所言不虚。

最大的平台几乎都是反竞争的。亚马逊在了解其交易平台上最畅销的商品后，[13] 用自家的廉价基础款来压制原厂商。虽然塔吉特和沃尔玛等实体零售商一直都这么干（在销售知名品牌的同时也销售自有普通品牌），但不同的是，亚马逊不仅是商店，还是基础设施提供商。亚马逊的地位就相当于塔吉特不仅控制了自己商店的全部货架，还控制了所有通往商店的渠道。对企业来说，这样的控制力未免过于强大了。

天下乌鸦一般黑，谷歌也在滥用权力。它不仅收取高昂的移动支付费用，还涉嫌利用其搜索引擎优势将自己的产品突出显示在竞争对手之前。这导致谷歌面临审查。[14] 现在，在很多搜索结果的首屏只显示赞助商广告和谷歌的产品，从而挤压了小型竞争对手的生存空间。谷歌还积极搜集和跟踪用户数据，以更精准地投放其定向广告。亚马逊也在耍类似的花招：它将自己的产品排在其他产品之前，[15] 广泛采集用户数据以帮助其快速扩张价值 380 亿美元的广告业务。[16] 据悉，该业务仅次于谷歌（2 250 亿美元）[17] 和 Meta（1 140 亿美元）[18]。

苹果公司也存在类似问题。毋庸置疑，很多人都喜欢使用苹果的设备。但是该公司目前已经卷入多起备受瞩目的诉讼，原因是它常常拒绝竞争对手入驻其应用商店，并时时压榨已经获准入驻的应用。超人气游戏《堡垒之夜》（Fortnite）的开发商 Epic 就是系列诉讼的原告之一。在苹果公司关闭 Epic 访问应用商店的游戏开发者权限后，无可奈何的 Epic 只能将苹果公司告上了法庭。流媒体音乐服务平台声田（Spotify）、在线交友应用程序 Tinder、定位标签制造商 Tile 以及其他众多企业，也都就苹果公司的高收费和反竞争规则提出了类似诉讼。[19]

大型科技平台不仅占据主场优势，更会为了自身利益而重写游戏规则。

这有那么糟糕吗？许多人并不认为目前的架构有什么问题，甚至可能会觉得一切安好，还是因为他们不曾深入推敲过。科技巨头所提供的舒适感让他们乐不思蜀。毕竟，我们生活在一个优渥的时代，只要获得企业网络的许可，就可以随心所欲地与他人连接；我们可以尽情阅读、观看和分享；我们周围充斥着各种"免费"服务。这一切似乎只需以乖乖交出个人数据为代价，但如俗语所说，"如果真的免费，那么你就是产品"。

许多人安于现状。也许你也认为这样的交换是划算的——或者因为缺乏可行的互联网替代品而不得不接受现状。无论你的立场如何，一个不可否认的趋势是，中心化力量正在将互联网向内拉，将权力集中到网络的中心，而非原本的边缘节点。这种转变正在扼杀创新，使互联网变得不那么有趣、缺乏活力以及不那么公平。

即便有人意识到这个问题，他们通常也会认为政府监管是唯一能制约现有巨头的方法。这或许是解决方案的一部分，但监管往往带来意想不到的副作用。有时，监管反而巩固了现有巨头的强势地位。大公司能轻松应对合规成本的上升和监管复杂性的提高，而小型新兴企业则难以承受。另外，烦琐的规定可能会限制新进入者。我们需要一个公平的竞技场，因此需要经过深思熟虑的监管。监管应建立在尊重这一基本事实之上：鼓励初创项目和创新技术，是更有效地制约在位企业权力的方法。

监管下意识的反应是试图一刀切，但这忽视了互联网与其他技术的显著差异。在众多呼吁监管的人看来，互联网与过去的通信网络（如电话和有线电视网络等）几乎没有区别。但是，它们之间存在着巨大的差异：老式网络基于硬件，而互联网基于软件。

虽然互联网依赖于电信运营商提供的基础物理设施，如线缆、路由器、信号塔和卫星等，但这些基础设施一直将自己定位为严格中立的传输层，对所有互联网流量一视同仁。尽管"网络中立性"的监管政策正在发生变化，但到目前为止，该行业大多仍坚持使用非歧视性的公平政策。在这种模式下，软件具有优先权。位于网络边缘节点的个人电脑、手机和服务器运行着代码，这些代码驱动着互联网服务等行为。

这些代码可以不断升级和迭代。只要设置了正确的功能和激励机制，新软件就可以在互联网上涌现并继续分发。互联网的宝贵之处在于其可塑性：通过创新和市场力量，人们可以不断重塑互联网。

软件的表达能力几乎是无限的，这就是其独特之处。几乎任何你能想象到的东西都可以编写为软件。就像文学创作、绘画或洞穴壁画一样，软件是人类思想的编码器。计算机接收这些蕴含在代码中的思想，并以闪电般的速度运行它们。这就是为什么史蒂夫·乔布斯曾将计算机形容为"思想的自行车",[20] 它极大地提升了我们的能力。

由于软件具有如此惊人的表达能力，因此我们最好将其视为一种艺术而非一项工程。代码的可塑性和灵活性为其提供了极其丰富的设计空间。由于代码具有如此广泛的可能性，它更接近于雕塑和小说创作之类的创意活动，而非造桥之类的工程活动。与其他艺术形式一样，软件也是每隔一段时间就会出现新的流派和运动，这从根本上激发了其几乎无限的可能性。

这正是当前正在发生的事情。就在互联网似乎已经固化到无法挽回之时，一场新的软件运动出现了。这场新运动让我们可以重新想象和设计互联网。也许，它能够让早期互联网精神重现：保护创作者的知识产权，将所有权和控制权归还给用户，让科技巨头不再扼住我们命运的喉咙。

这就是为什么我相信存在更好的解决方案，尽管该方案目前仍处于早期阶段。相信我：互联网仍然能够实现其最初的愿景，企业家、技术专家、创作者和用户能够共同实现这一愿景。

建立一个开放网络，培养创造力和企业家精神，这个伟大的梦想永远不会消逝。

网络发展的三个时代

如果熟悉互联网的发展历史，那么就很容易理解我们是如何走到今天的。接下来，我将简要概述一下这段历史，并在后续章节中进行详细阐述。

首先需要强调的是，互联网的强大威力源自网络的底层设计方式。网络设计——包括节点的连接、信息的交互以及在此基础上集合而成的总体架构——虽然看似是一个深奥的技术问题，但它实际上是决定互联网上权力和金钱分配的最重要因素。即使是最微小的初始设计元素，也可能对产业下游即网络服务的控制权和经济权益产生深远影响。

简而言之，网络设计的基础元素决定一切后续结果。

直到最近，还存在两种相互竞争的网络类型。第一种是"协议网络"，这是一种由软件开发者和其他网络利益相关者组成的社区控制的开放系统，例如电子邮件和网站等。这些网络是平等、去中心化且无须许可的：网络对任何人都开放；任何人都可以自由访问网络，无须任何许可。在这些系统中，金钱和权力往往流向网络的边缘节点，而非中心。这种机制刺激了系统围绕边缘节点不断地扩展。

第二种是"企业网络"，这是由企业而非社区拥有和控制的网络。这类网络就像一个有唯一管理者的围墙花园——一个由单一巨型公司管理的主题公园。企业网络运行着中心化、需要许可的服务。这种运作方式使其能够快速开发更前沿的功能，吸引更多投资，创造并积累利润。这些利润又被用于能够带来未来增长的投资。在这些系统中，金钱和权力流向网络的中心即拥有网络的企业，而离网络边缘的用户和开发者越来越远。

在我看来，互联网历史可以分为三个时代，每个时代都有其标志性的网络架构。第一个时代是横跨 1990 年至 2005 年的"只读时代"。这个时代伴随着早期协议网络的兴起，实现了信息获取民主化（democratized information）。在这个架构中，任何人都可以通过输入几个字母后自由使用网络浏览器，并通过众多网站阅读几乎任何主题的内容。第二个时代是横跨 2006 年至 2020 年的"读写时代"。这个时代伴随着企业网络的兴起，实现了内容发布民主化（democratized publishing）。在这个架构中，任何人都可以随心所欲地表达，并通过社交网络及其服务向大众发布这些内容。现在，一种新的架构正在推动互联网进入第三个时代。

第三个时代的网络架构是前两种架构的综合体，正在推动所有权民主化（democratizing ownership）。在即将到来的"读，写，拥有"时代，任何人都可以成为网络利益相关者，获取以前只有股东和员工等少数企业利益相关者才能享有的权力和经济权益。只有这个新时代，才有可能削减科技巨头不断并购和整合的趋势，让互联网重回其充满活力的本源状态。

人们可以在互联网上自由阅读和写作，更重要的是，他们现在可以拥有自己的作品。

新运动

这场新运动曾被赋予过几个名字。

有人称之为"加密"，因为其技术基础是密码学。也有人称之为"Web3"，暗示它将引领互联网进入第三个时代。有时我会使用这些名字，但通常情况下我会尽量使用定义明确的术语，如"区块链"和"区块链网络"等，这是推动这一新运动发展的底层技术。（许多从业者将区块链网络命名为协议，但为了更好地区分新时代网络与旧时代的协议网络，我会避免使用这个术语。在本书中，区块链网络和协议网络是两个截然不同的概念。）

无论你更喜欢哪个名字，都不影响其实质——只要你知道在哪里以及如何构建，就能享受到区块链核心技术的独特优势。

或许有人会告诉你，区块链是一种新型数据库——一种可供多方编辑、共享和信任的数据库。这是一个很好的开始，但并不全面。更准确地说，区块链是一种新型计算机。不同之处在于，你不能像使用智能手机或笔记本电脑那样将其放在口袋里或办公桌上。从技术上讲，区块链符合对计算机的经典定义：它存储信息，并以在软件中编码好的规则来处理这些信息。

区块链的优势在于其独特的控制权模式，以及在其技术基础上建立的网络世界。在传统计算机中，硬件控制软件。硬件存在于物理世界中，由个人或组织拥有和控制。这意味着硬件和软件最终都由一个人或一群人掌控。由于人们可能会改变想法，因此他们可能会随时更改所控制的软件。

正如互联网的崛起改变了传统规则一样，区块链也颠覆了硬件与软件之间的控制关系。在区块链中，软件管理着由硬件设备构建的网络。在这个新世界中，软件拥有最终决定权。

为什么这一点至关重要呢？因为区块链有可能是有史以来第一次确立软件拥有不可侵犯权利的计算机。这一特性使区块链能够向用户做出强有力的、由软件控制并严格执行的承诺。数字所有权是其中一个关键承诺，它将经济权益和治理权完全移交到用户手中。

你可能还在想，这跟我有什么关系？区块链到底能解决什么问题？

区块链能够对其未来行为做出强有力的承诺，这使得新网络可以在此基础上创建起来。区块链网络解决了早期网络架构所面临的问题。该网络能够连接社交网络中的人们，同时将权力赋予用户，而非企业。此外，它能支撑起降低抽成比例却持续活跃的商业交易平台与支付网络，从而促进商业流通。它还能催生新型可盈利的媒介形态，支持跨平台协作的沉浸式数字世界，以及赋能创作者（而非侵蚀其收益）的人工智能产品。

建立在区块链基础上的网络与其他网络架构有着显著的不同：区块链网络带来了更理想的结果，这是其关键所在。它鼓励创新，降低了创作者要支付的"税收"成本，并让那些对网络做出贡献的人共享决策和权益。

在某种程度上，问"区块链能解决什么问题？"就像问"钢铁能比木头多解决什么问题呢？"一样。两者都可以用于建筑和铁路建设，但在工业革命初期，钢铁使我们能够建造更高的建筑、更坚固的铁路和更大规模的公共设施。同样，有了区块链这一基础材料，我们就可以构建出比当前互联网更公平、更持久、更有弹性的网络。

区块链网络融合了协议网络的社会效应和企业网络的竞争优势。在这个网络架构中，软件开发者可以获得开放的存取访问权限，创作者可以直接与受众联系，费用成本被压制在极低水平，同时用户也可以拥有宝贵的经济受益权和治理权。此外，区块链网络还具备了与企业网络同台竞争的技术和财务实力。

简而言之，区块链网络就是用来构建更美好互联网的新型"建筑材料"。

看清真相

新技术往往伴随着争议，区块链也不例外。

许多人将区块链与骗局及一夜暴富的投机行为联系在一起。这种观点或许有其合理之处，就像人们看待过去由技术驱动的金融狂热一样。从19世纪30年代的铁路繁荣到20世纪90年代的互联网泡沫，莫不如是。20世纪90年代发生过许多令人震惊的失败案例，[21] 如 Pets.com 和 Webvan 等。公众的关注点主要集中在首次公开募股（IPO）和股票价格上。然而不可否认的是，仍有一些企业家和技术专家成功跨越了低谷与高峰的起伏周期，他们埋头苦干，努力打造出极好的产品和服务，实现了曾经做出的承诺。虽然存在投机者，但更有真正的建设者。

如今，在区块链的认知上存在着差异巨大的文化鸿沟。其中一个群体崇尚我所说的"赌场文化"。他们主要关注交易和投机，并且是两个群体中声音最大的那个。在最坏的情况下，这种赌场文化可能会导致巨大的灾难，比如加密货币交易所FTX的破产等。这一群体博取了广大媒体的眼球，个别事件甚至严重损害了区块链的公众形象。

另一个群体崇尚我所说的"计算机文化"。他们更注重长远规划，是两个群体中更为严谨的那个。他们清楚地认识到，区块链的金融属性仅仅是一种有助于实现目标的特性——这种特性能够激励人们追求更宏伟的目标。他们意识到，区块链的真正潜力在于其有助于建立更好的网络，从而构建出更优质的互联网。虽然这些人相对低调，没有受到太多关注，但他们对世界的影响将会更为持久。

这并不是说计算机文化对赚钱完全不感兴趣。根据我在风险投资公司多年的经验，科技行业中的大多数企业仍然是要追求利润的。但真正的创新往往需要很长时间才能产生经济回报。这或许可以解释为什么大多数风险投资基金（包括我们的）的持有期都很长，动辄就是10余年。孕育有价值的新技术往往需要10年左右的时间，有时甚至更长。显然，计算机文化是一种长期文化，而赌场文化则不是。

因此，计算机文化和赌场文化之间的较量，或许才是这场软件运动的主旋律。当然,在这场较量中,无论是乐观主义者还是愤世嫉俗者都可能走极端。互联网泡沫及随之而来的破裂与崩溃,就是在不断提醒我们要注意这一点。

想要看清真相,关键在于将一项技术的本质与其具体的使用或滥用区分开来。锤子既可以用于建造温暖的家,也可以搞破坏;氮基化肥既可以用于种植养活数十亿人的农作物,也可以用于制造危险的爆炸物;股票市场既有助于人类社会将资本和资源配置到生产效率最高的地方,也有助于滋生毁灭性的投机泡沫。所有技术都可能同时具有建设和毁灭两种属性,区块链也不例外。接下来的问题是,我们要如何在尽量降低危害程度的前提下让其益处最大化?

决定互联网的未来

这本书旨在带你深入了解区块链的本质、核心技术(计算机)及其所带来的各种令人振奋的新事物。读完本书后,我希望你能清晰理解区块链究竟能解决什么问题,以及为什么我们迫切需要区块链提供的解决方案。

书中所分享的思考、第一手观察资料和思维模型,都基于我在互联网行业 25 年的职业经历和经验总结。我从一名软件开发人员起步,在 21 世纪初转型为企业家。我曾卖掉过两家公司,一家卖给了迈克菲(McAfee),另一家卖给了易贝(eBay)。随着职业生涯的发展,我再次转型成为投资人,早期投资了 Kickstarter、拼趣、Stack Overflow、Stripe、Oculus 和 Coinbase 等潜力企业,如今它们的产品已被广为使用。我一直坚信,社区是软件及网络的最终拥有者。自 2009 年以来,我一直围绕这一观点和技术以及初创企业等撰写博客文章并分享给读者。

在21世纪的前10年，我百思不得其解，为何像RSS这样的开源发布式协议网络，在与企业拥有的网络（如脸书和推特）竞争中竟然会一败涂地？这个问题引领我走进了区块链网络的世界。过往的经历和思考促使我采用了一种新的投资模式，这也塑造了我今天的投资理念。

要窥探互联网的未来，必须深刻理解其过去。在本书的第一部分，我将回顾互联网的发展历程，重点关注从20世纪90年代初至今的两个相近时代。

在第二部分，我将深入探讨区块链，阐述其工作原理及重要性。我会展示如何利用区块链和代币构建区块链网络，并详细解释支撑其运作的底层技术及经济机制。

在第三部分，我将展示区块链网络如何为用户及其他网络参与者赋能，回答诸如"为什么区块链能脱颖而出"之类的问题。

在第四部分，我将探讨一些近几年颇有争议的话题，包括政策与监管，以及围绕区块链的赌场文化——这种有害文化损害了区块链的公信力，削弱了其发展潜力。

在最后的第五部分，基于前面介绍的发展史和相关概念，我将深入讨论多个交叉领域，包括但不限于社交网络、电子游戏、虚拟世界、媒体业务、协作共创、金融和人工智能等。通过这部分内容，我希望大家能理解区块链网络的强大威力——它如何支持现有应用程序的不断改进，并催生以前无法实现的新应用程序。

这本书凝聚了我在互联网职业生涯中的全部所学、所思与所想。我有幸与众多杰出的企业家和技术专家合作。我之所以能够在这里洋洋洒洒地长篇大论，是因为我从他们那里学到了很多。

我希望，无论你是建设者、创始人、企业领导者、政策制定者、分析师、记者，还是只想了解正在发生什么以及我们将走向何方的观察者，这本书都能帮助你构建、驾驭以及参与未来。

我认为，区块链网络可能是制衡互联网整合趋势的最可信赖和最具公民意识的强大力量。我坚信，这只是互联网创新的开始，绝非终点。然而，这种信念也有可能被打破：[22]过去5年中，美国的软件开发者在全球软件开发者中的比例已从40%下降到29%。这可能意味着美国在这场新运动中已失去领导地位。人工智能的迅速崛起，也可能加速科技巨头的集中趋势。尽管人工智能具备巨大的想象空间，但在这个领域，通常是资金雄厚、数据丰富的公司更具竞争优势。

我们当前所做的每一个决定，都将塑造互联网的未来：谁来建设、拥有和使用互联网，创新将在哪里出现，以及每个人将获得怎样的使用体验。区块链技术及其支持的区块链网络释放了软件作为艺术形式的非凡力量——互联网则是它连绵不断的画布，让这种力量得以展现。这场运动能够重塑人与数字之间的关系，让人们重新想象一切可能性。因此，它有可能改变我们的历史进程。无论你是开发者、创作者、企业家还是用户乃至任何人，都可以也应该参与这场盛宴。

这是一个千载难逢的机会，去创造一个你想要的互联网，而不是被动接受一个传承下来的互联网。

第一部分

读,写

第一章　网络为何至关重要

> 我在思考的东西可比炸弹重要得多，我在思考的是计算机。[1]
>
> ——约翰·冯·诺依曼

网络架构或许就是当代的命运之神。

网络是组织而成的框架，让数十亿人能够清晰明了地进行交流。网络决定了这个世界上谁当赢家，谁是败者。网络算法决定了注意力和金钱该去向何方。网络架构不仅会引导其自身演进的方向，而且会影响财富和权力聚集于何处。有鉴于互联网今时今日如此庞大的规模体量，无论早年的软件设计决策看似多么微不足道，现在都会造成一连串深远的后续影响。互联网权力问题的关键，就在于谁控制着特定网络。

有一种观点批评科技初创企业重视数字世界甚于物理世界，重视"比特"甚于"原子"等，[2] 但这并未触及问题的本质。互联网的影响远不止数字领域，在更深层次上，它贯穿、渗透并塑造着社会和经济。

专业的科技投资人也会大肆宣扬这样的观点。[3] 风险投资家、贝宝的联合创始人彼得·蒂尔曾如此思忖："我们想要飞行汽车，结果得到的却是 140 个字符。"这表面上是在嘲讽率先将推文长度限制在 140 个字符的推特，但其根本目的是抨击高科技行业的轻浮现象——普遍沉迷于软件应用的开发。

推文看似无聊琐碎，却在潜移默化中影响着从个人思想、观点到选举结果，以及流行病的治理进展等方方面面。有些人宣称技术专家对于能源、食物、交通以及住房等问题的关注不够，忽视了物理和数字世界的互联互通、密不可分。然而，绝大多数人和"现实世界"互动的媒介，正是互联网网络。

物理与数字世界的融合，往往是悄然发生的。有时候科幻小说会把自动化描绘成一个可视化过程，人们能看到一个物理实体被另一个取代。在现实中，自动化往往是迂回发生的，物理实体蜕变成数字网络。人类经营的旅行社并不是被机器人经营的旅行社取代。恰恰相反，是搜索引擎和旅游网站吞并了它们的差事。邮件收发室和实体邮箱依然存在，但得益于电子邮件的兴起，通过它们处理的邮件总量现在已大幅减少。私人飞行器并没有颠覆客运行业，但在很多情况下，视频会议等互联网服务使得旅行变得不那么必要。

我们想要飞行汽车，结果得到的却是 Zoom 这类远程会议软件。

互联网的新鲜感让人们往往小看了数字世界。想一想我们所使用的语言。像邮件和"电子邮件"（email），商务和"电子商务"（e-commerce）这样的前缀"电子"在语义上就带有一种从属意味，使得这些数字活动看起来低于它们在"现实世界"中的对应物。然而，与日俱增的情况是，日常中越来越多的邮件就是指电子邮件，商务就是指电子商务。当人们把物理世界称为现实世界的时候，他们并没有意识到自己在数字世界中消磨了越来越多的时间。像社交媒体这样的新生事物，最初被认为是不足为道的，现在却能支配全球政治、商业、文化乃至个人世界观的各个方面。

新技术将进一步促进数字世界与物理世界的融合。人工智能会让计算机比现在聪明得多。虚拟现实和增强现实头戴设备会改进数字化体验，让人更加身临其境。物体和场所中的嵌入式联网计算机（物联网设备）将遍布我们周围。我们身边的一切都将通过传感器来理解世界，并通过执行器来改变世界。这一切都将通过互联网络来协调、整合与实现。

因此，网络确实至关重要。[4]

在最基础的层级上看，网络是人或物之间连接的清单。互联网上通常会收录人们可能关注的内容。它们同样也为算法提供信息，以便能更好地抓住人们的注意力。当你访问社交媒体动态时，算法会根据对你兴趣的推断，将各类内容和广告糅合起来并推送给你。社交媒体网络上的"点赞"以及应用市场上的评分引导着念头、兴趣和欲望的流动方向。如果没有这样的机制，互联网将是一场信息洪流——杂乱无章、无法无天且百无一用。

互联网经济为网络飞速发展注入了活力。在工业经济时代，企业主要通过范围经济和规模经济积累实力，这也是降低生产成本的方法。生产更多的钢铁、汽车、药品、含糖汽水以及其他小商品的边际成本不断下降，使那些占有和投资生产资料的人获得了竞争优势。在互联网时代，分发的边际成本几乎可以忽略不计，因此权力的累积主要通过另一种方式进行：网络效应。

网络效应表明，网络的价值将随着每一个新节点或连接点的加入而增长。电话线路、机场这类交通枢纽、计算机等面向连接的技术，甚至包括人，都可以是节点。梅特卡夫定律（Metcalfe's law）是网络效应的一种著名表述，它明确指出网络的价值与节点数量的平方成正比（也就是以 2 为指数进行指数级增长）。对有数学头脑的人而言，10 个节点的网络价值 25 倍于 2 个节点的网络价值，100 个节点的网络价值百倍于 10 个节点的网络价值，以此类推。这一定律由以太网和电子产品制造商 3Com 的联合创始人之一罗伯特·梅特卡夫（Robert Metcalfe）提出，[5]并在 20 世纪 80 年代得到广泛传播。

然而并非所有网络连接的价值都一样，因此有人建议对该定律进行修订。[6]在 1999 年，另一位计算机科学家戴维·里德（David Reed）提出了以自己的名字命名的"里德定律"，[7]指出大型网络的价值将以网络规模为指数进行指数级增长。该公式最适用于以人为节点的社交网络。脸书有近 30 亿的月活用户，[8]根据里德定律，这意味着脸书网络的价值为 2 的 30 亿次方。这个数字大得惊人，光打印出来就得用 300 万张纸。

无论你更倾向于哪一种网络价值的估算方式，有一点是明确的：数字很快变得很大。

互联网是终极的万网之网，所以网络效应在互联网上起主导作用是理所当然的。人们总是喜欢聚集在一起。推特、照片墙和抖音的价值就来自数以亿计的用户。组成互联网的其他网络也是如此。在网络上交流想法的人越多，信息网络就越丰富多彩。越多的人使用电子邮件和 WhatsApp 发送信息，这些通信网络就越有用。越多的人在 Venmo、Square、优步和亚马逊等平台上做生意，这些平台就越有价值。一般而论，越多人用，价值越大。

网络效应使小小的优势能像小雪球一样迅速滚成大雪球。当企业能掌控一切时，它们将会对自身的优势严防死守，让任何人都难于离开。如果你已经在一家企业网络上建立了自己的受众群体，而离开这个网络就意味着失去他们，那你就不会想要这么做。这部分地解释了为什么权力会聚集于少数几家大型科技公司之手。如果这种趋势继续发展，那么互联网最终将更加趋于中心化，被强大的中介机构控制，而这些机构将利用自己的权力摈斥创新和创造力。如果对此不加以遏制，就会产生经济停滞、同质化、生产率低下和社会不平等等种种问题。

一些政策制定者试图通过监管来削弱最大的互联网公司。[9]他们的补救措施包括阻止并购企图和建议拆分公司。其他的监管建议则要求企业实现系统互通，[10]便于网络间的快速对接。如此一来，用户可以将联系人带到自己喜欢的任何地方去，也可以根据自己的喜好跨网络阅读和发布内容。有一些建议确实可以遏制在位的公司，为其竞争对手腾出发展空间，但从长远来看，最好的解决方案是从头开始构建新的网络。新网络将不会导致权力的集中化，原因是该网络的设计本身就规避了集中化。

许多资金雄厚的初创企业正在尝试搭建新的企业网络。然而，如果成功了，它们仍会和现存的大型企业网络一样难以避免地重新带来同样的问题。我们需要的是能够在市场上击败企业网络的新挑战者，同时能提供更大的社会效益。具体而言，我们需要的是能够提供类似于早期互联网开放和无须许可的协议网络所带来的好处的新网络。[11]

第二章　协议网络

> 人们通常难以理解，网络的设计除了 URL、HTTP、HTML 这些基本元素别无他物。没有一台"控制"网络的中央计算机，没有一个单一的网络去承载所有的协议，甚至没有一个组织在某个地方"运转"网络。
>
> 网络并非一个存在于某个"空间"的物理"实体"，而是一个信息得以存在的"空间"。[1]
>
> ——蒂姆·伯纳斯－李

协议网络简史

1969 年秋，美国军方开启了互联网的最早版本：以美国国防部高级研究计划局（ARPA）命名的 ARPANET。[2]

在接下来的几十年里，一大群研究人员和开发人员组成的庞大社区推动了互联网的发展。这些学者和技术爱好者带来了开放性的传统。他们深信，思想自由交流、机会平等和任人唯贤等理念极其重要。在他们看来，使用互联网服务的人（用户）理应拥有互联网的控制权。他们的研究社区、顾问团队和工作小组所采用的结构和管理模式，也体现了这种大众自主理念。

20 世纪 90 年代初，互联网从政府和学界传播到主流群体，其文化理念也得以发扬光大。更多的人加入网络，他们继承了平等主义的信条。网络空间从根本上就是高度开放的，正如诗人、活动家以及曾任感恩而死（Grateful Dead）乐队兼职作词人的约翰·佩里·巴洛（John Perry Barlow），在 1996 年发表的《网络空间独立宣言》中所言：[3]"我们正在创造一个世界，人人都可以自由进入，且不受种族、经济实力、军事实力或出生地点所带来的特权或偏见的影响。"互联网代表着自由，象征着一个崭新的开始。

同样的文化精神也充斥于技术自身。互联网建立在无须许可的协议基础之上，即一系列让计算机参与网络的规则。"协议"，源自希腊语 prōtokollon，在古代指的是"一卷书的第一页"，通常就是目录。随着时间推移，这个词逐渐演变并用来指"外交公约"，随后在20世纪被引申为"软件技术标准"。随着 ARPANET 的出现，这个信息技术语境下的含义得以广为传播，因为人所共知、人所共有的开放协议奠定了互联网发展的基石。

协议可以视作类似英语或斯瓦希里语等自然语言，它们使计算机可以相互交流。如果改变了说话的方式，其他人可能就无法理解你。用技术术语来说，就是无法互操作。如果你的影响力足够强，或许可以让其他人也改变说话方式，因为只要其他人加入，方言也有可能会演变成新的语言。协议和语言都需要达成共识。

协议层层相叠，[4] 最终作用于计算机设备，这就是所谓的互联网"栈"。对计算机科学家而言，了解栈的全部层级及其细微差异非常有用。（其中一个非常有名的模型是开放式系统互连模型，简称 OSI，它定义了七个层级。）在当前讨论中，我们只需要想象三层即可，其中最底层由硬件构成：服务器、个人电脑、智能手机、联网设备（如电视机和摄像头），以及把它们全部链接起来的网络硬件。其他层则建立在这个基础之上。

物理层上面的是网络层，[5] 也被简称为互联网协议或 IP。这个协议定义了第一层机器之间数据包的格式、寻址方式和路由机制。ARPANET 实验室的研究员温顿·瑟夫（Vint Cerf）和罗伯特·卡恩（Robert Kahn），在20世纪70年代共同制定了该标准。（这个实验室最初名为 ARPA，后来更名为 DARPA，还协助发明了隐形车和 GPS 等超前技术。[6]）该网络于 1983 年 1 月 1 日正式完成了互联网协议的部署，这一天被公认为互联网诞生日。

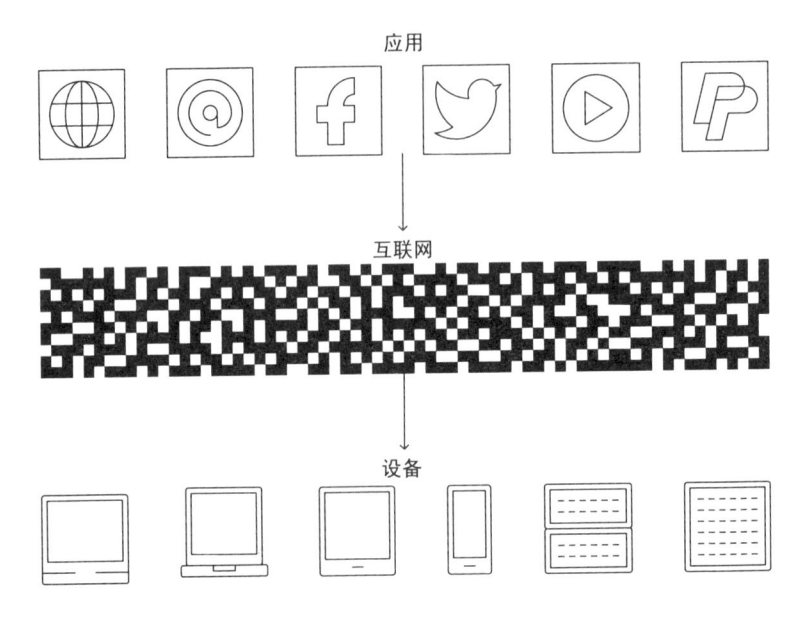

应用

互联网

设备

网络层上面是应用层，是面向用户的应用程序接入的地方，因此得名应用层。这一层主要由两项协议组成，第一项协议是电子邮件。电子邮件背后的协议被称为简单邮件传输协议（简写为 SMTP）。[7] 南加州大学研究员乔恩·波斯特尔（Jon Postel）在 1981 年创建了该协议，这使电子邮件通信得以标准化，这项协议奠定了电子邮件广泛应用的基础。正如凯蒂·哈夫纳（Katie Hafner）和马修·利昂（Matthew Lyon）在其互联网历史著作《术士们熬夜的地方》（*Where Wizards Stay Up Late*）[8] 中所述，"就像黑胶唱片因鉴赏家和音响发烧友而起却催生了整个行业一样，电子邮件成长于 ARPANET 的计算机科学家精英社区，随后如同浮游生物一般席卷了整个互联网"。

第二项协议是很多应用软件得以蓬勃发展的万维网，又被称为超文本传输协议，即 HTTP。英国科学家蒂姆·伯纳斯-李于 1989 年在瑞士物理实验室欧洲核子研究中心工作时，发明了该协议，以及用于网站格式化和渲染的超文本标记语言（HTML）。（虽然人们常常交替使用"互联网"和"万维网"，但其实它们是不同的网络：互联网连接设备，而万维网连接网页。）

电子邮件和万维网的成功在于简易、通用和开放。这些协议一经创建，程序员便可将它们编码成电子邮件客户端和网络浏览器，且其中许多都是开源的。任何人都可以下载客户端（现在大多被称为应用程序），并加入一个网络。客户端建立在协议之上，使得人们可以访问并参与底层网络之中。客户端就像协议网络的门户网站和网关一样。

人们通过客户端与协议进行交互。在 1993 年问世的用户友好型 Mosaic 网络浏览器就是这样一种客户端，在此之后万维网才成为主流。[9] 当下最流行的网页客户端都是专有软件浏览器，例如谷歌的 Chrome、苹果的 Safari 以及微软的 Edge 浏览器，而最流行的电子邮件客户端则是 Gmail（由谷歌服务器托管的专有软件）和微软的 Outlook（可下载到本地机器的专有软件）。可运行万维网和电子邮件服务器的软件比比皆是，既有专用软件，也有开源软件。

互联网的基础通信系统是去中心化的，因此复原能力很强，可以在核打击之下幸存。该系统中所有节点的地位平等，所以即便其中一部分被摧毁，系统依旧能继续运转。电子邮件和万维网都继承了这一设计准则。所有节点都是"平等的"，不存在凌驾于其他节点之上的特权。

协议网络

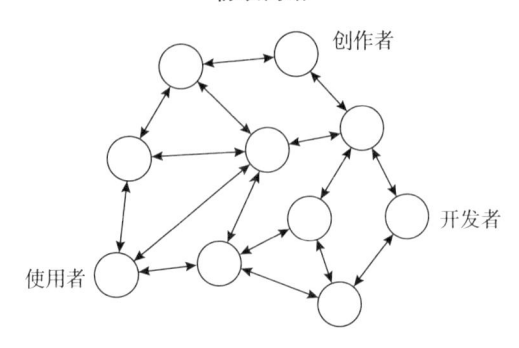

(图：显示一个网络图，节点包括创作者、开发者、使用者)

然而，互联网有一个组成部分的设计全然不同，它控制着一项特殊的功能：命名。

命名是每个网络的基本要求。名称是最基础的标识物，是构建社区的基础元素。例如，我在推特上是@cdixon，我的网站是cdixon.org。这些人性化的名称让人们很容易识别和联系我。如果人们想关注我、添加我为好友或者向我发送什么东西，他们只需要引用我的任一名称就可以做到。

机器也有名字。在互联网上计算机通过所谓的互联网协议地址互相识别。这一组组数字对人类来说很难记忆，但对机器来说却很简单。试想倘若访问任何网页都得输入数字，是不是太难了？比如，要浏览维基百科，你可能需要输入198.35.26.96；要观看优兔视频，你可能需要输入208.65.153.238。因此，人们需要一个像手机上的联系人列表那样的目录来帮助记忆。

从20世纪70年代到80年代，有一个组织一直在维护官方的互联网目录。[10] 斯坦福研究所网络信息中心把所有地址编入一个单独的文件HOSTS.TXT，并且持续更新和分发给网络上的每个人。

每当有一个地址发生变化或一个新节点加入网络（这经常发生），每个人就得更新自己的 hosts 文件。随着网络的不断扩展，保存记录变得令人不胜其烦。人们需要一个不那么笨重的系统作为唯一的真实信源。

于是，域名系统（DNS）应运而生。[11] 1983 年，美国计算机科学家保罗·莫卡派乔斯（Paul Mockapetris）[12] 发明了这个系统来解决网络命名的难题。虽然 DNS 的底层设计很复杂，但其主要思想很简单：将人性化的命名映射到计算机的物理 IP 地址上。该系统是分层且分布式的。在最顶层，一系列国际组织（包括政府相关机构、大学、公司、非营利组织等）管理着 13 组根服务器，它们迄今为止仍是该系统的最终权威机构。

从 20 世纪 80 年代开始，直到 20 世纪 90 年代商业化互联网兴起，乔恩·波斯特尔带领的团队一直在南加州大学管理着 DNS。[13] 1997 年，《经济学人》将他所扮演的重要角色概括为："如果网络真有所谓的上帝，那应该就是乔恩·波斯特尔。"[14] 随着互联网发展越来越快，DNS 治理的长期解决方案变得迫在眉睫。1998 年秋天，美国政府决定将互联网命名空间的监管权移交给一个新组织——非营利国际组织互联网名称与数字地址分配机构，即 ICANN。（2016 年 10 月，ICANN 独立出来，[15] 转型为全球多方利益相关者共同治理的模式，直至今日持续监管着我们所用的系统。）

DNS 对互联网的运转至关重要。当你在浏览器上搜索一个网站（例如 google. com 或 wikipedia. org）时，你的互联网服务提供商会通过一个名为 DNS 解析器的特殊服务器来对该请求进行路由，而该服务器则向负责管理如 .com 或 .org 等域名后缀的顶级域服务器询问下一步的定向。接下来，这些顶级域名服务器会指向层级较低的域名服务器，由它们向你的浏览器提供正确的 IP 地址，以帮助你到达目标网站。整个过程被称为 DNS 查找，每次尝试连接网站时都会在一瞬间全部完成。（为了提高查找速度，DNS 供应商会在离用户较近的服务器上存储或缓存 IP 地址。）

电子邮件和万维网的底层协议都是免费的，而 DNS 会收取少量费用并交给 ICANN 和互联网注册商。用户只要支付费用（通常约为 10 美元年费）并遵守法律，便可以自由处置自己的域名。用户可以购买、出售或无限期持有域名。这些费用更像财产税而非租赁费。

名称对网络而言是一个有着重要影响的控制点。在推特和脸书这类社交网络中，企业所有者拥有名称的控制权。比如我在推特上是@cdixon，但拥有这个名称的是推特。推特可以撤销它，向我收取更多的费用，或者夺走我的粉丝。通过控制我的名称，推特也控制了我与其他人的关系。例如，它可以修改算法，让我的帖子的展示频率变得更高或更低。在这种情况下，我除了选择退出网络别无他法。

DNS 设计的关键之处在于，拥有并控制名称的是用户自己，而不是某个公司或者其他上级部门。具体而言，用户控制自己名称到 IP 地址的映射关系。因此，他们能够随时随地将名称从一台计算机迁移到另一台计算机，并运行他们想要的任何软件，而不会失去与网络的连接或者他们创建的任何东西。

举个例子，如果我在亚马逊的网络托管服务上托管 cdixon.org 这个域名，假如亚马逊决定提高收费、限制我的网站、审查我的内容或采取其他我不喜欢的措施，我可以轻松地将所有文件迁移到另一家服务商，并重定向 cdixon.org 的 DNS 记录。我甚至可以选择自托管，这等同于离线。即便是我重定向我的名称，我所有的网络连接都会保持不变。人们依然可以给我发电子邮件，搜索引擎用来对我网站进行排名的入站链接也依然有效。切换到新的托管服务提供商是在幕后进行的，这对网络中的其他参与者是不可见的。亚马逊深知这一点，因此它必须在网络规范和市场力量的限定范围内行事，否则可能会面临客户流失的风险。

让用户对自己的名称拥有完全控制权，这个看似简单的设计决策让企业保持诚实可信。它遏制了亚马逊以及其他公司的行为，迫使它们以有竞争力的价格提供优质的服务。虽然公司还是可以继续利用诸如规模经济（运行的服务器越多，成本越低，利润率越高）等传统的商业护城河，但它们无法像中心化网络那样凭借网络效应来困住用户。

将 DNS 的工作方式与尝试离开推特或脸书等服务时会发生什么进行对比，我们不难发现其中的差异。大多数企业网络都有"下载数据并删除账号"的功能。你会得到你的发帖记录，或许还会有你的关注者和好友记录。但是你会失去网络连接以及受众，因为他们关注的是你的推特或脸书账号，而你无法将账号重定向到新服务器上。你控制不了这种映射关系。你可以获得数据，但是你失去了原有的网络。这些"数据下载"功能实际上是虚晃一枪。它们的开放和自由都只是惺惺作态，对于增加用户选择并无帮助。你唯一的选择是要么留下，要么离开之后去其他地方从头开始。

脸书和推特这类企业使用 HTTP 等组件来运营自己的网络，和万维网互联互通，但它们从各种意义上都不是万维网的一部分。它们不遵循万维网长期形成的传统和规范，实际上，它们破坏了万维网的许多技术、经济和文化原则，例如开放性、无须许可的创新以及大众自主管理。这些中心化网络本质上是毗邻万维网的独立网络，它们有着自己的规则、经济体系和网络效应。

DNS的天才之处在于，让用户拥有自己的名称，就像在现实世界中拥有物品一样，这为在线世界提供了类似于财产权的保障。你拥有某个东西，你就有动力对其进行投资。这就是为何从20世纪90年代开始至今，电子邮件和基于DNS构建的万维网业务都获得了大量投资。

让用户掌控自己的名称，看起来只是一个很小的设计选择，但它已经引发了一系列连锁反应，并最终促成了搜索引擎、社交网络、媒体和电子商务网站等新产业的蓬勃发展。

副作用则是，数字所有权会催生投机市场。域名买卖已经成为一个价值数十亿美元的产业，简短的英文单词.com域名常常被卖到几百万美元（最近的一个例子是voice.com，以3 000万美元售出）。域名市场潮起潮落，价格波动不定，幸运之财旋得旋失。域名市场类似于房地产市场，都会受到投机行为和泡沫的影响。区块链代币作为一种新颖的数字所有权形式也催生了投机，我将在后文中加以讨论。尽管投机有副作用，但所有权的积极影响远远超过了其负面影响。

当下，内容审核是一个热门话题，尤其是在社交网络中。然而，电子邮件和万维网本身并不对内容进行审核，它们只做一项工作——可靠地传递信息。其设计理念是，如果协议要承担监管职责，它们就会变得支离破碎进而失能。不同地区有不同的法律和习俗，在一个国家违法的行为或许在其他地方是合法的。为了实现通用，协议必须保持中立。

内容审核仍然存在，不过是交由用户、客户端和网络边缘的服务来完成。这看起来有风险，你相信去中心化的大众群体可以成功地进行自我监管吗？然而，实践证明该系统运行得相当好。客户端和服务器负责执行法律、法规和审核任务。如果你运营了一个非法网站，域名注册商和网络托管服务提供商会将其关闭，搜索引擎会将其从索引中删除。软件开发者、应用程序和网站开发者、科技公司以及国际网络治理机构所组成的庞大社区，会将其排斥在外。电子邮件也一样，网络边缘的客户端和服务器会过滤垃圾邮件、钓鱼邮件以及其他恶意内容。法律和激励机制，使系统得以运转。

在 DNS 的支持下，电子邮件和万维网为互联网带来了强大的通用网络。这项设计让用户拥有了最重要的东西——他们的名称、随之而来的连接，以及他们决定在网络上创建的一切。

协议网络的优势

协议网络将所有权赋予用户，这有利于所有网络参与方，包括创作者、企业家、开发者等。

和所有其他网络一样，协议网络也具备网络效应：用户越多，其价值就越大。电子邮件非常有用，因为它无处不在——那么多人都拥有电子邮件地址。

电子邮件这类协议网络与推特这类企业网络的区别在于，电子邮件的网络效应惠及整个社区而非某个公司。电子邮件不归任何公司所有或控制，任何人都可以通过独立开发者创建的支持底层协议的软件来使用电子邮件。开发者和消费者可自行决定创建和使用什么软件。影响社区的决策由社区成员共同做出。

因为协议网络不存在中央媒介,所以不会收取"抽成",即对通过网络流转的资金收费。(我将在第八章深入探讨此类费用及其影响。)此外,协议网络的结构设计也有力确保了它们永远不可能去收取抽成等手续费。这会极大鼓励人们在其基础之上进行创新。如果你在电子邮件或万维网的基础上创建了某些东西,你可以放心投入时间和金钱,因为你知道无论你创建了什么,你都将拥有并控制它。这一承诺激励了拉里·佩奇和谢尔盖·布林、杰夫·贝佐斯、马克·扎克伯格以及其他无数的互联网企业家。

用户也从协议网络中获益匪浅。活跃的软件市场以及较低的转换成本,意味着用户可以货比三家。如果用户不喜欢某个算法的运作方式,或某项服务跟踪其数据的做法,他们随时可以轻松转换去其他家。如果用户支付了订阅费或观看了广告,直接挣到这笔钱的将是创作者而非网络中介,这激励了创作者进一步把时间和精力投入在自己喜欢的内容上。

激励措施越可预测,效果就越好。这与现实世界中产权法等可预测的法律对投资有鼓励效果如出一辙。私营企业与高速公路系统之间的相互作用,就是一个易于理解的类比。因为可以预见高速公路系统的开放性,并且在通常情况下是免费的,人们和企业都愿意在其基础上进行建设,这就意味着他们愿意投资于建筑物、车辆和社区等资源,这些资源的可持续价值正取决于高速公路。这反过来又促进了高速公路的使用率,从而鼓励更多的私人投资。在一个设计优秀的网络中,增长将带来增长,并创造出一个生机勃勃的系统。

脸书和推特这类企业网络的激励机制难以预测,因此第三方投资有限。企业网络通常收取高额抽成,这使得它们能够从流经网络的收益中获取较大的份额，侵蚀了本应流向网络边缘的利润。目前，现有的企业网络（包括脸书、照片墙、贝宝、抖音、推特和优兔）皆由市值高达数万亿美元的公司拥有。我们有理由相信，如果这些网络都是协议网络的话，其中很大一部分价值都将被分配给网络边缘的开发者和创作者。

这些动态变化，解释了为什么电子邮件，特别是时事通信写作，正在许多内容创作者中复兴。[16] 电子邮件使创作者与受众直接联系，无须担心中央网络运营商可能会随意改变经济模式、访问规则或内容排名。如果基于电子邮件构建的 Substack 等时事通信服务修改了规则或费率，用户就可以和他们的订阅者一起直接离开。（很多这类服务现在都允许用户导出电子邮件订阅者清单。）这种退出能力降低了转换成本，从而也降低了抽成等手续费。这是协议网络中名称与服务相分离所赋予的权力。用户也许不理解网络设计的所有细微差别，但他们确实能凭直觉感受到自己的经济权益正在面临的风险，尤其是在多年以来内容创作者和企业网络之间的问题早已是积案盈箱之后。[17]

软件开发者则更为失望。21 世纪 10 年代的头几年，尽管脸书和推特等公司一开始展现出开放和包容的姿态，但它们后来却封闭了自己的网络并撤销了开发者的访问权限。2013 年 1 月，短视频应用 Vine（2012 年 10 月被推特收购）初登场时，马克·扎克伯格亲自批准了对其进行阉割。根据多年后解密的法庭文件，扎克伯格点头同意关闭 Vine 访问脸书的应用程序编程接口（API）权限。[18] API 是应用程序用来实现互操作的软件连接。他对另一位高管说："是的，就这么做。"此举严重削弱了 Vine 的发展势头。在多年疏于打理之后，推特于 2017 年停掉了这个业务。Vine 的消亡广为人知，但少有人记得脸书对 BranchOut（求职）、MessageMe（短消息）[19]、Path（社交网络）[20]、Phhhoto（GIF 制作）[21] 和 Voxer（语音聊天）[22] 等应用的打压。[23]

对于所有权的承诺，既激励着创建者创作，也激励着投资者去投资。协议网络不收取网络费用且承诺永远不收取，因此初创企业非常愿意在其基础上进行开发。举例来说，早期的万维网导航和搜索很难用，因此有数十个技术团队创办了公司来解决这个问题，其中不乏雅虎和谷歌这样的知名公司。当垃圾邮件问题于20世纪90年代末日益严重时，[24] 风险投资投了数十家公司来解决，这一努力取得了显著成效。当然，垃圾邮件仍然存在，但我们在处理这个问题上已经十分擅长了。

如今像推特这样的企业网络遭遇垃圾信息、机器人账户和类似问题时，外部公司显然缺乏解决这些问题的动力。只有公司本身试图解决这些问题，因此无法充分调动可能提供帮助的人才和资源。这就是为何现在有些网络充斥着机器人账户和垃圾信息。

我之所以有机会成为一名企业家，要归功于协议网络的设计。在21世纪初，网络钓鱼和间谍软件等问题泛滥成灾，如今很难想象当时的情况有多糟糕。那时大多数人使用的都是微软的万维网浏览器，其安全性简直声名狼藉，[25] 恶意软件能轻而易举自动安装到个人电脑上。在2004年，我和其他人共同创办了一家名为SiteAdvisor的网络安全初创企业，开发了一款工具来保护用户免遭这些威胁。万维网是一个协议网络，因此我们能够抓取和分析网站，并构建在浏览器和搜索引擎之中运行的软件。我们无须征得许可，因为没有公司拥有万维网或电子邮件。

开发者无须获得许可就可以在协议网络上创建客户端和应用程序。这些网络是开放的，允许独立的开发者社区解决问题和开发新功能。更妙的是，建设者和创作者能够获取他们创造的全部经济价值。这些条件和激励机制，允许市场来解决协议网络解决不了的问题。

我不可能在企业网络上创建一家初创企业。企业网络对创始人来说并不友好，大多数风险投资家都知道，最好不要投资在企业网络上创业的人。最终，迈克菲溢价收购了我们公司，因为它知道我们拥有自己创造的一切。万维网改变不了规则或费用，也没有更上层的力量可以夺走我们的成果。如果把万维网看成一个社区，那么我们就是其中一员。万维网的成功，源自其创立的协议架构及其带来的激励机制。

RSS 的衰落

自电子邮件和万维网兴起以来，还没有其他协议网络能够获得大规模的成功。并不是没有人去尝试，过去的 30 年里，技术专家创建了许多值得信赖的新型协议网络。21 世纪初，开源即时通信协议 Jabber（后更名为 XMPP），[26] 试图挑战 AOL 即时通信和 MSN 通信的江湖地位。10 年之后，跨平台社交网络协议 OpenSocial 试图挑战脸书和推特。[27] 2010 年年初亮相的去中心化社交网络 Diaspora 也打算挑战脸书和推特。[28] 这些协议在技术上都极具创新性，还建立了充满激情的社区，但没有一个成为主流。

电子邮件和万维网的成功，要部分归功于特殊的历史条件。在 20 世纪 70 年代和 80 年代，互联网由少量的合作研究者组成。在这些协议网络的发展过程中，中心化的竞争对手是缺位的。而近年来，新设立的协议网络不得不与拥有更多功能、更多资源的企业网络进行竞争。

协议网络的竞争劣势或许可以从简易信息聚合（RSS）的命运中得到最好的说明，RSS 可能是最接近于成功挑战企业社交网络的协议网络。RSS 是一种和社交网络功能近似的协议，它允许建立你想关注的用户列表，并让这些用户向你发送内容。网站管理员可以在自己的网站嵌入代码，当新的文章发布时，就会以可扩展标记语言（XML）格式输出更新。这些更新会推送到订阅者的自定义订阅源中，订阅者可以使用自己喜欢的 RSS 阅读器软件关注自己选择的网站和博客。这个系统既优雅，又去中心化，但它的功能非常基础。

在 21 世纪初，RSS 是推特和脸书等企业网络的有力竞争对手。但到了 2009 年，推特开始取代 RSS。人们开始依靠推特而非 RSS 来订阅博主和其他创作者的内容。RSS 社区的一些成员认为这没问题，因为推特有开放的 API，并承诺会继续和 RSS 互操作。对他们而言，推特仅仅是 RSS 网络中一个受欢迎的节点。但正如我当时在博客中所说的，我一直在担心事情的走向：

> 问题在于推特并不是真正的开放。推特要真正开放，就必须能够在不涉及推特机构的情况下使用推特。与之相反，所有数据都要通过推特的中心化服务进行传递。目前诸如万维网（HTTP）、电子邮件（SMTP）和订阅信息（RSS）等占主导地位的核心互联网服务都是开放协议，它们分布在数百万个机构中。如果推特取代了 RSS，那么它将是第一个由单一营利性看门人控制的核心互联网服务……到某个时点，推

特将需要赚大钱来证明它的估值合理。那时我们才能真正评估由单一公司控制核心互联网服务的影响。

很遗憾,我的担心是有道理的。随着推特网络变得比 RSS 更受欢迎,除了社会规范,没有其他更坚实的理由能够阻止公司干出釜底抽薪的事儿。2013 年,因为对公司有利,推特停止了对 RSS 的支持。同年,谷歌也关闭了其主要的 RSS 产品谷歌阅读器(Google Reader)。[29] 这凸显了 RSS 协议衰落之迅速。

RSS 一度是一种基于协议的可靠社交网络方式。虽然在 21 世纪 10 年代还有很多小众社区继续使用 RSS,但它已不再是企业社交网络的强大竞争对手。RSS 的衰落与少数互联网巨头网络权力的整合直接相关。[30] 正如一位博客作者所说:"那个橘色的小泡泡(RSS 的橘色标志)已经成为一个充满希望的符号,象征着对那个日益被少数公司控制的中心化网络的反抗。"[31]

RSS 失败有两个主要原因。第一个原因是,功能不足。RSS 无法与企业网络的易用性和先进功能相提并论。在推特上,用户只需注册、选择名称以及想要关注的账户,点击几下即可开始使用。相比之下,RSS 仅仅是一套标准。没有公司在它背后进行支持,因此也就没有人运行一个中心化数据库来存储人们的名称和关注者列表等信息。围绕 RSS 开发的产品功能较为有限,缺少内容发现、内容精选和分析等人性化机制。

RSS 对用户的要求过高。与电子邮件和万维网一样,该协议使用 DNS 进行命名,但这意味着内容创作者需要付费去注册域名,然后将域名转向自己的万维网服务器或 RSS 托管服务提供商。在互联网发展早期,电子邮件和万维网这么干还行,因为当时没有其他选择,而且很多用户都是技术人员,已经习惯了自己动手去做。但随着网民的动手意愿和知识水平越来越低,RSS 的劣势逐渐凸显。推特和脸书等免费、简化的服务,为人们提供了更便捷的发布、连接和消费方式,使这些公司可以积累数千万乃至数亿用户(脸书的用户甚至高达数十亿)。

协议网络试图匹配企业网络服务功能的其他尝试,也皆以失败告终。2007 年,《连线》杂志记录了自己利用 RSS 等开源工具建立社交网络的尝试。[32] 开发人员意识到他们缺少了去中心化数据库这个关键基础设施,项目在即将完成之际陷入僵局。(如今回过头来看,开发人员缺少的正是之后区块链将会提供的技术。)该团队写道:

> 在过去的几周里,《连线》尝试用免费的万维网工具和小组件弄出来自己的脸书。我们几乎就要成功了,但最终还是失败了。我们能够实现脸书大约 90% 的功能,却完成不了最重要的部分:如何将人们联系起来,并且声明他们之间的关系。

有些开发者,例如 1999 年创办博客网站 LiveJournal 的布拉德·菲兹帕特里克(Brad Fitzpatrick),建议通过创建一个由非营利组织运营的社交图谱数据库来解决这个问题。[33] 在 2007 年他发表了一篇名为《关于社交图谱的思考》的文章,其中提出了这样的建议:

> 构建一个非营利开源软件(版权归非营利组织所有),

收集、整合并重新分发所有其他社交网站的图谱，将其聚合为一个全球图谱。对其他网站（或用户）来说，这些数据可以通过公共 API（面向小型/非专业用户）进行调用，也可以通过更新数据流/API（面向大型用户）迭代更新数据图谱，并以下载的方式进行使用。

他的想法是，一个包含社交图谱的传统数据库，就可以帮助 RSS 实现可与企业网络相媲美的简化流程。将数据库控制权交给非营利组织，能够让它保持可靠的中立性。然而，要做到这一点，需要在软件开发者和非营利组织之间进行广泛的协调。这个办法从未真正普及，人们也一直在努力让非营利组织在其他科技创业环境中发挥作用（我会在第十一章的"非营利模式"部分详细讨论）。

与此同时，企业网络不需要进行协调。它们可以快速行动，即使这意味着要打破一些东西。

RSS 失败的第二个原因是资金。营利性公司可以通过风险投资筹集资金，来聘请更多开发人员、构建高级功能、补贴托管成本等。随着公司的发展，可用资金也会越来越多。脸书和推特等公司，以及几乎所有其他大型企业网络，都从私人和公共投资者那里筹集了数十亿美元。而 RSS 只是一群联系松散的开发者群体，除了自愿捐款，根本没有获取资本支持。这从来就不是一场公平的竞争。

直到现在，开源软件的资金还是受制于市场力量，而市场力量仅仅有时候（并非总是）会与互联网的利益保持一致。2012年，一次软件更新在 OpenSSL 中引入了一个关键漏洞。OpenSSL

是一个开源项目，为互联网上大部分加密软件提供支持。这个漏洞被称为"心脏出血"（Heartbleed），[34] 危及大量互联网通信的安全。安全工程师直到事发两年后才发现该漏洞。当人们调查为什么没有人更早发现这个漏洞时，他们才了解到负责维护互联网协议的非营利组织 OpenSSL 软件基金会，[35] 仅由几名操劳过度的志愿者组成。基金会依靠微薄的资金勉强维持，这其中包括每年约 2 000 美元的直接捐款。

有些开源项目资金充足，因为它们的成功符合大公司的利益。世界上最为广泛使用的操作系统 Linux 就是这一类。IBM、英特尔和谷歌等公司从开源操作系统的普及中获益，[36] 因此它们都支持 Linux 的开发。但是，构建新的协议网络一般都不符合企业的利益。事实上，大多数科技公司的战略是占据、控制和垄断网络，它们最不愿意做的事就是资助潜在的竞争对手。协议网络符合互联网集体利益，但自政府提供早期资助之后，互联网就一直没有大笔的直接资金来源。

电子邮件和万维网等协议网络之所以能获得成功，是因为它们的出现早于真正的替代品。它们创造的激励机制引领了创造和创新的黄金时代，即便大型科技公司一直在对其进行蚕食，但这一时代仍然延绵至今。然而，后来尝试建立的协议网络却未能成为主流。RSS 的衰落是协议网络面临挑战的缩影。RSS 的前车之鉴也展示了协议网络是如何播下了更新颖、更胜一筹的网络设计之种，而这种设计将定义互联网的下一个时代。

第三章 企业网络

> 还记得在上大学时,我常常思考,互联网这个东西太棒了,因为你可以用它查找任何想要的东西,可以阅读新闻,可以下载音乐,可以看电影,可以在谷歌上查找资讯,可以在维基百科上获取参考资料,但唯独没有对人类而言最重要的东西,也就是其他人。[1]
>
> ——马克·扎克伯格

模仿技术和原生技术

人们有两种方式来使用新兴技术:(1)用来改进已经能做的事情,现在可以更快、更便宜、更容易或质量更高地实现;(2)做一些全新的,在此之前根本做不了的事情。在新技术发展初期,第一类行动往往更受欢迎,但第二类行动才会对世界产生更为深远的影响。

对现有行动进行改进会率先发生,因为这更为直接。而发现新媒介真正的力量是需要时间的。当活字印刷术发明者约翰内斯·谷登堡(Johannes Gutenberg)在 15 世纪出版以他自己名字命名的《圣经》时,他刻意让它看起来像一份手抄本。谁能想象一本书不是这个样子呢?但正如计算机科学家、图灵奖获得者艾伦·凯(Alan Kay)所说的:"印刷术的真正意义不在于模仿手写版《圣经》,而在于 150 年后以全新的方式来论辩科学和政治治理。"——这才是革命的催化剂。

以新的方式行事,需要想象力的飞跃。早期的电影导演拍摄电影就像拍戏剧一样，他们实际上只是用更好的发行模式来制作戏剧作品。直到真正的创新者意识到这种新媒介特有的视觉语言潜力后，电影制作才发生了根本性的改变。电力的发展也依循了类似路径。人们最初把煤气和蜡烛换成电灯只是为了方便，直到几十年后，人们才利用电网给从烤面包机到特斯拉等各种设备供电。

那些借鉴过去技术的设计有时被称为"拟物化设计"。这个词最初指的是在艺术作品中故意保留的，不必要却有意义的设计元素。史蒂夫·乔布斯时代的苹果公司普及了这一概念，[2] 用数字化图形描绘常见的物件，例如在读书应用中使用木纹书架作为装饰，或用垃圾桶图标来表示删除的文件。模仿设计让人们易于与电脑屏幕进行交互。现在，科技行业从业者用这个词来描述那些模拟现有活动或体验的技术。模拟已有事物会让新事物产生熟悉的感觉，这有助于人们更快地适应它们。

整个20世纪90年代的互联网都是在模仿。那时的互联网主要是对互联网之前的事物进行数字化改造：网站模仿广告册和商品目录，电子邮件是写信的延伸，在线购物则让人想到邮购商业。人们将这一时期称为只读时代，因为尽管人们可以发电子邮件、提交数据和购买商品，但信息一般是从网站到用户的单向流动。这好比一个只读的数字文件，可以打开和查看，但不能编辑。当时，网站制作属于专业技能，大多数活动也不涉及向更广泛的受众群体发布信息。

今天已经很难想象，但从20世纪90年代到21世纪初的互联网，和现在全天候在线的高速移动互联网是完全不同的。[3] 彼时，人们只能坐在笨重的台式电脑前间歇地"登录"互联网，一般是为了检查电子邮件、做旅行计划或浏览网页。图片加载得很慢，视频流媒体即使在正常工作状态下也极不流畅。大多数人通过调制解调器拨号（缓慢的固定电话线路连接）登录网络，在今天看来这样的龟速上网简直令人抓狂。

即使在互联网公司热潮的高峰时期，人们对互联网的热情也就那样。2000年3月，在人们的热情达到顶峰之前，美国国家工程院将互联网列为20世纪最伟大的工程成就排行榜第13位。这项创新排名在无线电和电话（第6位）、空调和冷藏技术（第10位）以及太空探索（第12位）之后。[4]

然后，砰的一下，泡沫破灭，股市全面崩盘。2001年，亚马逊的股价跌至历史最低点，市值缩水至22亿美元（还不到现在的0.5%）。[5] 2002年10月，知名民意调查公司皮尤研究中心询问美国人会不会选用宽带上网，[6] 大多数人都表示不会。人们使用互联网主要是为了收发电子邮件和"网上冲浪"，用得着更快的网速吗？主流共识是互联网确实很酷，但用途有限，而且可能也不是一个理想的谋生之地。市场崩溃也证明了这一观点。

然而，虽然互联网行业陷入了困境，但也正处在即将复兴之际，一场规模虽小却日趋壮大的力量正在汇聚之中。

到了2005年左右，技术专家开始探讨互联网原生产品设计。如果说模仿意味着雷同，那么原生则意味着创新。新的服务层出不穷，它们充分利用了互联网的独特功能，而非仅仅模拟线下的同类产品。重要的新品包括博客、社交网络、在线约会、公开简历制作和照片共享等。API等技术创新使得互联网服务之间能够实现无缝集成。网站变得具备互操作性，同时也变得动态化，能够自动刷新。应用程序和数据的"混搭"突然遍地开花。网络流动了起来。

理查德·麦克马纳斯（Richard MacManus）在2003年4月于其早期颇具影响力的科技博客读写网上发表的首篇文章中，对此做了精彩阐述："万维网绝不应该止步于一个单向发布系统，然而在万维网前10年的发展中，网络浏览器一直是一个只读工具，"他写道，"现在的目标是将万维网转换为双向系统。普通人应该能够像浏览和阅读网页一样轻松地写入内容。"[7]

互联网远远不止一个只读媒介，这一点给新一代的建设者和使用者带来了灵感和活力。这种对互联网的重新构想，使得任何人都能轻松创建内容并将其呈现给广大受众——不仅能接收信息，还能广播信息——这开辟了全新的可能性领域。于是，网络开启了下一个阶段，人们能以史无前例的规模自由消费和发布信息——这在互联网之前的世界里是从未发生过的。

众所周知的Web2.0，即读写时代，来临了。

企业网络的崛起

读写时代的到来，还标志着网络设计的转变。一些技术专家坚持采用开放协议网络架构，创建新的协议，并在此基础上构建应用程序。但最成功的开发者采取了不同的策略：企业网络模式。

企业网络的结构相对简单。一家公司位于中心位置，控制着驱动网络的中心化服务。这家公司拥有绝对的控制权，它可以在任何时间以任何理由改写服务条款，决定谁有权访问以及重新配置资金流向。企业网络之所以是中心化的，是因为最终将由某个人（一般是首席执行官）来制定所有规则。

企业网络

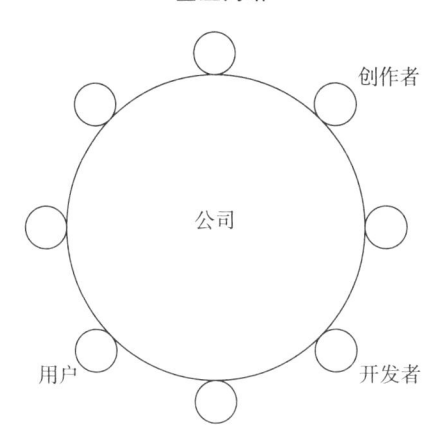

[图：中心为"公司"，周围环绕着"创作者"、"开发者"、"用户"等节点]

用户、软件开发者和其他参与者都被推到了网络的边缘，忍受着位于中央位置公司的随意摆布。

企业网络模式让新一代建设者能够更快地行动。开发人员可以快速发布新功能并进行迭代，而不必等待与标准小组以及其他利益相关者进行协调。他们可以通过数据中心内的中心化服务来创建先进的交互体验。由于拥有网络所获得的回报对风险投资来说具有不可抗拒的吸引力，因此他们可以筹集到业务增长所需的资金，这一点尤为重要。

在 20 世纪 90 年代，互联网初创企业试验了很多模式，但到了 21 世纪初，人们发现最好的商业模式显然是拥有一个网络。易贝树立了这样一个典范。[8] 该公司于 1995 年以 AuctionWeb 的名字成立，并很快成为股票市场的宠儿，[9] 人们将它作为具有很高价值的网络案例进行研究。该公司的盈利能力强于其主要竞争对手亚马逊，[10] 因此大多数人认为它的商业模式更好。易贝有着强大的网络效应，并且因为没有库存，从而降低了成本。相比之下，亚马逊的网络效应较弱，并且持有库存，导致成本更高。大获成功的易贝，以及诸如贝宝（易贝在 2002 年收购了贝宝，并在 13 年后将其分拆上市）等其他利用网络效应企业的横空出世，引发了风险投资的浪潮，资金涌向那些试图创建网络的初创企业。

优兔的故事充分展现了企业网络是如何崛起的。2005 年左右，随着基础设施的改善和成本的下降，家庭宽带互联网开始普及并逐渐成为主流。[11] 对普通用户而言，高质量视频流变得触手可及。企业家敏锐地捕捉到了这一趋势，纷纷开始创办互联网视频初创公司。其中一些公司帮助现有的视频提供商（如电视网络）实现在线流媒体播放；另一些则支持开放协议，如媒体 RSS 和 RSS-TV 等（这些都是 RSS 的多媒体扩展应用）；还有一些公司围绕"社交视频"建立自己的企业网络，让任何连接到互联网的人都能够轻松发布视频。

优兔是采用最后一种策略公司中的佼佼者。起初，优兔是个视频约会网站，[12] 后来逐渐将重心扩展到泛视频领域。优兔的第一个热门功能是，允许用户在其他网站嵌入优兔视频。在当时，优兔网站的受众还很少。视频创作者的粉丝，通常都聚集在创作者自己的网站。托管视频成本很高也很复杂，而优兔则让这一切变得简单又免费。

优兔的视频嵌入功能便是一个典型的"为工具而来，为网络而留"策略案例。[13] 该策略通过某种工具吸引用户，这种工具可以搭载到现有网络（如视频创作者的网站）上，然后吸引这些用户加入另一个网络（如优兔的网站和应用程序）。这个工具帮助优兔迅速积累了大量用户，该数量很快达到了临界规模，此时网络效应开始显现。随着时间推移，替代网络将比原有网络更有价值，也更难被竞争对手复制。这种工具可能随着公司增加更多功能而变得更好，同时网络价值会以复利态势迅速增长。现在提供免费托管视频服务的公司有很多，但优兔始终遥遥领先，因为它拥有一个由庞大受众基础构建的大网络。工具是吸引用户的鱼饵，真正为用户和公司创造长期价值的是网络本身。

起步阶段的企业网络，经常采用这种经营策略。照片墙最初的亮点是其免费的照片滤镜。那时候虽然其他应用也提供照片滤镜，但大多数都需付费。照片墙让人们可以轻易在脸书和推特等现有网络上分享美化后的照片，[14] 并同步分享在照片墙的网络上。最终，人们懒得在照片墙之外的其他地方分享照片了。

优兔展现了该策略的威力。优兔服务通过补贴流媒体视频存储和带宽成本来吸引内容创作者。任何视频都可以上传到优兔，并在其他任意网站免费播放。该公司这么做的理由是，控制互联网视频分发网络所带来的好处，将远超过提供视频嵌入工具所耗费的成本。

即便如此，优兔还是需要有人为此买单，提供资金支持。托管海量视频是一项经营成本高企的业务，而筹集外部资金并非万无一失的解决方案。2005 年左右，风险投资行业比现在规模小得多，而且还承受着互联网泡沫破灭后的余波影响。由于用户上传的素材涉及侵犯版权，优兔也面临着生死存亡的法律挑战。[15] 因此，优兔在 2006 年被出售给了谷歌。谷歌是一家拥有丰厚广告收入的公司，其创始人远见卓识地看到了优兔网络的潜力以及与其现有业务的协同效应。他们赌赢了。据华尔街多位分析师评估，优兔现已为谷歌贡献了超 1 600 亿美元的市值。[16]

补贴有助于解释为什么协议网络很难竞争得过企业网络。RSS

第三章　企业网络

这类依靠社区支持的服务，不像公司支持的企业网络那样有资金来源可以补贴托管费用。与大型科技巨头的雄厚财力相比，基于捐赠的项目资金不足挂齿。网络控制权作为最终的回报给到进行补贴的公司（而非社区），这时免费赠送的工具才会具有财务上的价值。

企业网络的问题：吸引—榨取循环

如果你让人们举一个企业竞争的具体案例，他们很可能会提到相似产品制造商之间的竞争：可口可乐与百事可乐、耐克与阿迪达斯、苹果电脑与其他个人电脑等。在商业术语中，这些本质上可以进行互换的产品被称为替代品。

替代品之间的竞争很好理解。在麦当劳或汉堡王吃一餐（也许）就能满足一个人的胃口，但你不会指望一位典型的顾客在午餐时间同时光顾这两家餐馆。类似地，某人也许会购买福特或通用的皮卡，但他不太可能同时两辆都买。如果顾客只打算购买一件产品，那么企业就要与同行竞争并努力确保他买的是自己生产的。

那些捆绑在一起销售或使用的产品，则被称为互补品。咖啡和奶油、意大利面和肉丸、汽车和汽油、电脑和软件等都是互补品。社交网络和内容创作者，如优兔与其一个热门的频道主持人野兽先生，也是互补品。这种组合搭配强化了彼此的价值——没有面包的热狗还能叫热狗吗？智能手机没有应用程序的话是什么呢？

人们可能会认为这样的组合是最佳拍档，但实际上互补品之间往往存在着最激烈的竞争。假如顾客只愿意为某一特定产品组合支付固定价格，那么互补品之间就会争夺该产品组合的最大销售份额。互补品之间的战争是残酷的、零和的。事实上，生意场中最激烈的一些竞争，就发生在互补品这些看似亲密无间的伙伴之间。

让我们想象一个餐车供应商之间的冲突。如果顾客愿意花 5 美元买一个热狗，那么精明的香肠厂商会想方设法从这 5 美元中分走更多份额，否则隔壁的面包商就会拿去更多。他们可能会去批发面包，通过为熏肉肠搭配更便宜甚至是免费的小圆面包来压低竞争对手的价格。或者，他们会推销不含圆面包的热狗新吃法，就像有机、无麸质香肠那样。作为反击，愤怒的面包商可能会饲养牲畜并让肉类充斥市场，从而把香肠相对于面包的价格打下来。或者，他们会推出素食香肠，以将屠夫彻底轰出市场。

这些例子虽然有些荒谬，但其核心要点是，互补品中一方的价值越大，另一方的价值就越小。在这个只能用"狗咬狗"来形容的热狗世界里，双方明争暗斗，以求扩大自己的市场份额。

网络效应使得企业网络互补品之间的竞争关系复杂化，这是因为其间的激励机制自相冲突。一方面，企业网络互补品有利于网络的发展，并能加强网络效应；另一方面，企业网络互补品又可能分走网络所有者应有的收入。这些目标之间的矛盾，几乎总会导致企业网络与其互补品之间的关系走向破裂。

20 世纪 90 年代，微软对其操作系统 Windows 的互补品采取了战略性行动，这是一个引人注目的案例。[17] 微软希望第三方开发者基于 Windows 开发应用程序，但又不希望这些应用程序过于受欢迎。当某个应用程序开始崭露头角时，微软就会在 Windows 中捆绑一个免费版本，就像它为自己微软品牌的媒体播放器、电子邮件客户端或最著名的互联网浏览器所做的。大多数在这些竞争中幸存下来的第三方应用程序都太小，不足以引起微软的注意。从利润最大化角度而言，Windows 这种平台最希望看到的结果就是，有着许多规模小、功能弱且不完整的互补品，但这些互补品的总和会使得整个平台更有价值。（美国司法部在 1998 年指控微软违反了反托拉斯法，[18] 主因就是微软的互补品打压策略。）

社交网络的主要互补品是内容创作者，两者之间的冲突由来已久。现代社交网络在开展广告业务的基础上追求利润最大化。大多数社交网络都需要巨额投入，以覆盖软件开发和基础设施建设等高昂的固定成本，而边际成本则很低，增加服务器和带宽所产生的收入往往超过其成本。在大多数情况下，提高利润的关键就在于提高收入。简单直接！

社交网络有两种方法来实现收入最大化。第一种是扩充网络规模。最有效的方法是建立正反馈循环，也就是更多的内容带来更多的用户，而更多的用户又会产生更多的内容。这是一个良性循环。人们在网络上花费更多时间，公司就获得更多广告收入。

社交网络实现收入最大化的第二种方法是内容推广。社交信息来源一般有两种：有机内容和推广内容。有机内容是通过算法自然出现在用户信息流中的，而推广内容则是创作者付费展示的。社交网络可以通过让更多的内容创作者付费来增加收入。社交网络可以收取更高的推广费用，也可以在用户的信息流中插入更多赞助内容。然而，风险在于这种策略可能会降低用户体验，并突破用户对广告的容忍度。

为了让内容创作者购买更多推广内容，社交网络常用的手段是先让创作者达到一定受众规模，然后调整算法，使创作者在同等努力水平下不再获得相同的关注度。换言之，一旦创作者获得了有意义的收入并且开始在经济上对网络产生依赖，网络的所有者就会削弱创作者的影响力，使他们不得不购买赞助广告来维持或增加受众群体。随着时间的推移，增加受众的成本变得越来越高。内容创作者将此举称为"诱饵与转换"策略。如果与他们交谈，你会经常听到这样的抱怨。

公司也面临着同样的问题。如果你查阅那些在社交网络上投放广告的上市公司的监管文件，就会发现大多数公司营销成本都在上升。[19] 从内容创作者（包括广告客户）这些最重要的互补品里榨取最大利润，是社交网络的拿手好戏。这并不是说"诱饵与转换"是企业网络管理层不道德的阴谋，而是说如果企业网络精明地追求利润最优化，那么最终都得这么干。这种模式之所以能够如此长久地一以贯之，是因为只有那些精于利润优化之道的网络才能存活下来。

独立或第三方软件开发者，是社交网络另一类重要互补品。开发者对网络很有价值，因为他们外包了新软件的生产。社交网络一开始往往会鼓励第三方应用程序的发展，[20] 但之后会将这些应用视为竞争威胁并切断它们，就像脸书曾经对 Vine 和其他应用程序所做的。

如果企业网络不能彻底碾压互补品，那么往往会选择抄袭，有时甚至会收购互补品。当推特在 2010 年发布其首款在 iPhone 上的应用时，它推出了 Tweetie 的一个重命名版本。[21]Tweetie 是它当年收购的一款第三方应用。不久之后，推特就切断了第三方应用可以调用的功能，包括各种信息流阅读器、仪表盘和过滤器等。[22] 开发者感到遭受了背叛。[23]Twittelator 就是因此受到严重影响的应用

第三章 企业网络　　37

之一，其创始人安德鲁·斯通（Andrew Stone）在 2012 年告诉 Verge 科技网："不管取消第三方能带来哪些好处，都应该权衡考虑一下公众对推特变得贪得无厌的看法。"

斯通补充说道，推特的行为就像"希腊神话中的泰坦巨神克洛诺斯那样，每当他的孩子出生时，他就会吃掉他们"。

21 世纪前 10 年的后半段，在社交网络之上建立初创企业是一种十分普遍的做法，后来出现了巨大的反转。彼时初创企业通常会认为，除了手机领域，社交网络是创业者关注的下一个大平台。当时很多热门的初创企业，如 RockYou（广告网络）[24]、Slide（社交应用制造商）[25]、StockTwits（股市跟踪器）[26] 和 UberMedia（另一家社交应用制造商）[27]，都是建立于社交网络之上的。那时我有许多创始人朋友都在脸书、推特和其他社交网络之上建立了初创公司和应用程序。奈飞（Netflix）甚至在 2008 年专门推出了 API 来鼓励第三方开发，[28] 但 6 年后将其关闭。

在推特上开发新的应用尤为受欢迎。人们认为推特是最开放的企业网络，直到该公司改变政策并摧毁了开发者生态系统。[29] 我当时就担心初创公司会过度依赖推特，并曾在 2009 年的一篇博文《推特和推特应用之间必有一战》中表达了这种担忧。[30]

我本应该听从自己的声音。我在 2008 年联合创立的第二家初创公司 Hunch，一家人工智能公司，依赖于 Twitter 的 API。Hunch 根据推特数据了解用户的兴趣，并推荐相应的产品。2011 年，我和联合创始人一起把公司卖给了易贝，部分原因是我们所依赖的开放数据变得越来越不可用。（易贝自己有数据，该数据可以输入我们的机器学习技术中。）

开放式社交网络转变为今天人们所熟知的封闭式社交网络，

始于 2010 年。当时我就发现，谷歌开始警告那些试图将谷歌联系人通信录导出到脸书的用户,[31] "等等，你确定要将你朋友的联系信息导入一个不会让你轻易导出的服务中吗？"当时脸书还允许用户下载他们的个人信息，比如照片、个人资料等，但只能以不灵便的 .zip 压缩文件格式进行下载。脸书并未提供易于使用、可交互操作的 API。该公司严格控制着其社交图谱，阻止任何人轻松下载好友列表。谷歌抨击脸书的政策是"数据保护主义"。

随着企业网络收紧了手，建立在社交平台之上的应用程序能够筹集到的风险投资资金也逐渐枯竭。如果这些网络不允许建立在自身之上的应用做得太大，那为什么还要投它们呢？这全然不同于万维网和电子邮件等协议网络时代，那时候所有人都相信网络是永久免费访问的，也明白只要市场允许，网络规模就可以做得非常大。企业网络的出现，终结了这些隐含的承诺。建立在企业网络之上的努力就像建立在支离破碎的地基上，终究不会有好结果。描述这种新时代风险的专业术语是——平台风险。

如果没有第三方开发者的参与，企业网络就得完全靠自己的员工开发新产品。看看推特，就可以了解到网络激励机制错位的后果。推特成立 17 年以来，一直都在和烦人的垃圾信息问题做斗争。太阳微系统公司联合创始人比尔·乔伊（Bill Joy）曾说过一句名言："无论你是谁，大多数最聪明的人总是在为别人工作。"[32] 当电子邮件遇到垃圾邮件问题时，那些为别人工作（或者通常是为他们自己工作）的聪明人就会前来救援。然而，对推特来说，没有救援部队。平台风险吓跑了所有人。

几乎所有新技术都遵循一条"S 形曲线"，一个随时间推移而增长且看起来像字母 S 的曲线。曲线在第一阶段是平坦的，此时技术开发者正在寻找市场和早期采用者。随着开发者找到产品与市场的契合点，曲线开始迅速向上倾斜，这反映了主流用户的接受情况。当产品在市场上达到饱和，曲线随之再次趋于平缓。

网络的推广也往往遵循 S 形曲线。随着网络在曲线上不断攀升，企业网络与其互补品之间的关系以一种可预测的模式展开。最初的互动是友好的，网络尽一切可能招募软件开发者和内容创作者等互补品，以使其服务更有吸引力。在这个早期阶段，网络效应很弱，用户和互补品有很多去处可选，他们还没有被锁定。好处汩汩而出，人们兴高采烈，一切都很美好。

但随后，这种关系开始恶化。随着网络沿 S 形曲线向上发展，平台公司开始对用户和第三方行使更多权力。网络效应增强，但增长放缓。平台与其互补品之间变为敌对关系，正和博弈变成零和博弈。平台开始攫取更多流经网络的资金以保持利润增长。这就是脸书扼杀 Vine 和其他应用程序，以及推特吞并其第三方开发者时发生的情景。平台最终将蚕食其互补品。

网络与用户、开发者和创作者关系的生命周期

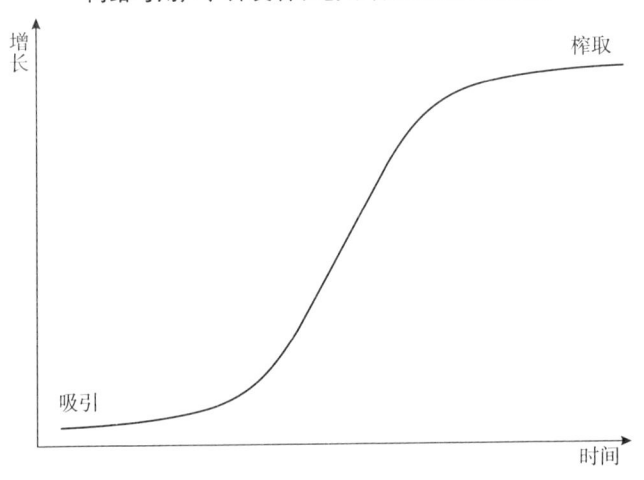

举例说明一下，为什么大型网络经常停止互操作。想象一下，假设我们有两个网络，一个是较小的网络 A，有 10 个节点；另一个是较大的网络 B，有 20 个节点。如果这两个网络进行互操作连接，那么它们都将扩展为拥有 30 个节点的网络。评估网络的价值有多种方法，我们在这里借助梅特卡夫定律，它定义网络的价值与节点数量的平方成正比。当互操作时，网络 A 的价值从 100（节点数 10 的平方）跃升至 900（节点数 30 的平方），整整提升了 9 倍。而对原本就有 20 个节点的网络 B 来说，其价值虽然也从 400（节点数 20 的平方）增长至 900（节点数 30 的平方），但增幅较小，只有 2.25 倍。显然，网络 A 的价值提升幅度远远大于网络 B。

这个例子虽然简单，但它说明了为什么随着网络规模扩大，平台越来越不愿意增加互补品以及与其他网络进行互操作。当一个平台的影响力达到最大时，也就是它要变脸的时候。大型网络进行互操作只会得不偿失。谁愿意扶持潜在的竞争对手？

脸书与合作伙伴游戏厂商星佳（Zynga）曾经亲密无间，现在却关系紧张，这让人们对企业网络更加担忧。自 2007 年成立以来，星佳一直是社交网络上最耀眼的明星。《星佳扑克》（*Zynga Poker*）、《黑手党大战》（*Mafia Wars*）和《朋友来填词》（*Words with Friends*）等热门游戏，吸引了数千万玩家。2011 年，《纽约》杂志的一篇文章提及星佳的第一款爆款游戏《农场小镇》（*Farm-Ville*），并描述了其火爆程度，"现在只要人们在脸书上待了足够长的时间，就几乎都收到过领养一头奶牛的请求"。[33]

对星佳来说，虚拟奶牛就是他们的现金牛。到 2012 年，通过向用户出售数字家畜等方式，该公司在脸书收入资金流中的占比已达到两位数。[34] 华尔街分析师称，星佳对脸书收入的巨大贡献是一个重大风险，因为这家游戏厂商可能会把用户吸引到自己的游戏平台上。因此，脸书实现了收入多元化，[35] 并断绝了与星佳的合作关系，[36] 这几乎杀死了星佳。（经过长达数年努力，星佳才扭亏为盈，并在 2022 年被另一家游戏公司 Take-Two Interactive 以 127 亿美元的价格收购。[37]）

这一事件给人们的启示是，大型网络在合适的情况下确实可以通过互操作获利，但竞争对手可能会从中获益更多。权衡利弊之下，通常偏向于早期合作、后期竞争。

我称之为"吸引—榨取"循环。企业网络无一例外地都遵循这一逻辑。对互补品而言，从合作到竞争的转变会有一种被背叛的感觉。随着时间推移，最优秀的创业者、开发者和投资者变得不敢在企业网络之上构建业务。数十年的证据表明，这样的结果总是令人失望。世界上因此泯灭了多少创新是无法估量的。如果想了解社区拥有企业网络的平行世界，最接近的方式就是看看在电子邮件和万维网之上持续涌现的创业活动，即便是几十年过去了，这些活动依然很活跃。每年，创业者都会创建数以百万计的网站和新闻简讯，以及新的软件公司、媒体企业、小型电子商务网站等。

一些初创公司的创始人和投资人焦头烂额，于是放弃并远离了企业网络模式，其中也包括我自己。我认识很多为企业网络工作的抱有良好意图的人，但问题往往并不在于人，而在于模式。公司和网络参与者的利益完全不一致，这导致用户体验变差。不采取"诱饵与转换"策略的企业网络，最终会被采取该策略的竞争对手打败。

企业网络的另一个弊端是缺乏透明性。人们无法信任让一个营利性实体通过"黑箱"去管理算法排名、垃圾邮件过滤、平台封禁等功能并进行其他决策。你可能会疑惑,为什么你的账户会被暂停?为什么你的应用程序被应用商店拒绝上架?为什么你的社交影响力似乎没有以前那么强?企业网络已成为影响人们生活的重要工具,也是人们经常争论和感到沮丧的话题。管理层可能会发生变化,有时会与你的价值观相符,有时则不然。再一次强调:真正的问题在于模式。每个人都受企业平台的摆布。

与此相比,协议网络则更加透明。电子邮件和万维网是由一组实体联盟进行管理的,这些实体负责执行规则,而用户和软件开发者社区则负责做出技术决策。这两个过程,既公开又大众自主。客户端软件可以自由添加审核和筛选功能。如果用户不喜欢软件的工作方式,就可以切换到新软件而不会失去其连接。权力掌握在社区手中。扩大利益相关者的范畴,有助于建立信任关系。

从积极的一面来看,脸书、推特、领英和优兔等企业网络,在过去 20 年间对互联网的增长起到了重要作用。2007 年 iPhone 的推出以及一年后应用商店的亮相,引发了一波实用网络的创新浪潮,其中包括 WhatsApp、Snap、Tinder、照片墙和 Venmo。这些企业网络为 50 亿互联网用户带来了先进的服务和体验。[38] 它们使得任何能够接入互联网的人都可以成为发布者,积累受众,并可能以此来谋生。企业网络大幅降低了人们接触广大受众的准入门槛,这种方式比创建网站的专业要求和劳动密集度要低,也比仅仅使用电子邮件要有效得多。如此一来,企业网络对协议网络进行了改进。万维网的第二个时代帮助我们实现了技术专家在 21 世纪初有过的梦想,将互联网从只读时代升级到读写时代。

企业网络之所以能够战胜协议网络，主要是因为它具备更出色的功能和可持续的资金支持。只有电子邮件和万维网这种早期互联网的遗产，凭借其独特的历史、持久性和根深蒂固的习惯，才抵挡住了企业网络的中心化力量——这正是"林迪效应"（Lindy effect）的一个实例，即存在时间越长的事物，就越有可能存续。（尽管难以想象，但这些协议网络也可能会被企业网络吞并。）

然而，近年来新兴的协议网络却缺乏这样的生存韧性。经过30年的尝试之后我们发现，还没有一个靠谱的协议网络能够超越小众应用范围而取得真正的成功。更新的协议网络非常罕见，技术专家创建的协议网络总是难以获得广泛的认可。企业网络像野生蔓藤一样侵袭和超越新的协议网络。成功的网络会臣服于无法避免的、以利润为导向的吸引—榨取循环逻辑，就像推特与 RSS 以及很多其他例子所展现的。企业模式实在是太有效了。

但是，软件是一种具有无穷无尽可探索空间的创造性媒介，而且互联网仍处于发展早期，所以一切还不晚。新的网络架构可以解决企业网络带来的问题。具体而言，基于区块链构建的网络可以融合以往网络的最佳特性，惠及开发者、创作者和消费者，并引领互联网进入第三个时代。

第二部分

拥有

第四章　区块链

> 大多数技术倾向于用自动化替代那些处理琐碎任务的边缘工作者，但区块链则是用自动化来替代中心。区块链不是让出租车司机失业，而是让优步这样的平台失去用武之地，让出租车司机能够直接与客户打交道。[1]
>
> ——维塔利克·布特林

为什么计算机很特别：平台与应用反馈循环

在1989年上映的《回到未来》续集中，主角从1989年穿越到了2015年。在2015年，飞行汽车在空中飞驰，但人们还在使用电话亭，也不存在智能手机。

这在互联网普及之前的科幻作品中很常见：几乎没有故事能预见计算机和互联网的巨大成功。为什么讲故事的人总是预测错误呢？为什么便携式联网超级计算机，在现实中比飞行汽车更早出现呢？为什么计算机和互联网的发展速度，远远快于其他事物呢？

部分归因于技术的发展。物理定律允许我们不断缩小晶体管（计算设备的最小元件），从而让更小的体积拥有更多的计算能力。描述这一过程速度的定律，被称为摩尔定律，[2] 以芯片巨头英特尔公司的创始人戈登·摩尔（Gordon Moore）命名。摩尔定律指出，芯片上可容纳的晶体管数量大约每两年翻一番。历史证明了这一规律：现代 iPhone 拥有超过 150 亿个晶体管，而 1993 年的台式电脑只有约 350 万个。很少有技术能像这样实现上千倍的改进。在其他工程领域，物理限制更难以突破。

另一种解释是下面这种经济现象也在发挥作用：应用程序（或应用）与支撑它们的平台之间存在着互惠关系。今天的 iPhone 比最初的版本包含更多的晶体管和其他组件，同时也有更多应用。这些应用远比早期版本更为实用和先进。新应用有助于销售更多手机，从而促进对手机的再投资，这反过来又促进对应用的再投资。这就是"平台—应用"反馈循环。iPhone 这类平台会催生新的应用，新应用使平台更有价值。如此反复促进，形成一个持续改进的正反馈循环。

技术进步与平台—应用反馈循环，使计算机变得更快、更小、更便宜、功能更丰富。这些情况在计算机发展史上反复出现。最开始，企业家发明个人电脑主要是用来创建文字处理器、图形设计程序和电子表格。慢慢地，开发者将搜索引擎、电子商务和社交网络引入互联网中。现在，开发者又将消息传递、照片共享和按需交付服务等功能，也嵌入手机中。无论哪种情况，投资都在平台和应用之间交替进行，从而缔造数年的快速增长。

平台—应用反馈循环既适用于社区拥有的平台，也适用于企业拥有的平台。万维网和电子邮件之类的协议以及开源操作系统 Linux，都受益于反馈循环。在企业方面，微软公司在 20 世纪 90 年代也受益于类似的循环，当时开发者为 Windows 电脑开发了应用程序。今天的应用开发者，也在为苹果和谷歌的移动操作系统做着同样的事情。

有时，多种趋势会相互交融并放大彼此的影响，就像波浪一样层层堆叠地向前推涌。社交网络是手机的杀手级应用，手机的普及也得益于此。与此同时，云计算提供了灵活的基础设施，初创公司可以利用它快速扩张社交网络等应用，从而能够为数十亿用户提供支持。手机使一切更便宜且更易用。所有这些趋势结合在一起，为我们带来了今天无处不在的神奇手持超级计算机，但大多数科幻小说都未能预见这一点。

通常，主要的计算周期每隔10~15年出现一次。[3]大型机在20世纪50和60年代占据主导地位。微型计算机在20世纪70年代占统治地位。然后是20世纪80年代出现的个人电脑。互联网在20世纪90年代崛起。从2007年iPhone发布开始，智能手机变得无处不在。没有任何规则规定这种模式必须持续下去，但这是有一定道理的：摩尔定律表明，计算能力提高100倍大约需要10~15年，而许多研究项目的成熟周期也大约需要这么长的时间。如果10~15年的模式持续下去，那么我们正处于另一个新周期之中。

多种趋势将共同推动下一个周期，人工智能就是其中之一。人工智能模型的复杂度似乎正在以指数级速度增长，这个速度是其底层神经网络中的参数数量的函数。这种发展速度表明，未来的模型将比市场上已经令人印象深刻的模型更加强大。另一个突破口是，自动驾驶汽车和虚拟现实头盔等新硬件设备。这些设备正随着传感器、处理器和其他组件的改进而迅速发展。苹果、Meta和谷歌等大公司正在这些领域进行重大投资，[4]这是对计算机领域下一步发展共识的押注。这似乎也是每个人的共识。

区块链则不同。它是一种非共识的押注，虽然很多人（包括我）都认识到了它的潜力，但很多机构并不重视它。事实上，科技行业中普遍存在的一种观点认为，只有那些现有公司正在密切关注的技术改进方向才是唯一重要的：更大的数据库、更快的处理器、更广的神经网络、更小的设备。这种观点是目光短浅的，它过于看重来自现有机构的技术，而忽视了来自其他地方、由外部开发者带来的长尾效应。

两种技术路径："由内而外"和"由外而内"

新技术一般遵循两种路径：[5]"由内而外"和"由外而内"。由内而外型技术始于大型科技公司内部，是两种路径中更常见的一种。这类技术在现有机构内部发展成熟，并经由公司员工、研究人员和其他人员的高效协作努力而日趋完善。这类新技术往往需要投入大量资金和正规培训，这提高了准入门槛。

大多数人甚至在由内而外型技术出现之前，就认识到了其价值。我们不难想象，连接互联网的袖珍超级计算机可能会大受欢迎，iPhone就证明了这一点。同样也不难想象，人们可能希望机器能够学会智能行动以便完成各种任务，正如企业和大学研究实验室通过人工智能所展示的。企业钻研这些技术，是因为它们看到了明显的潜力。相比之下，由外而内型技术则处于边缘地带。

业余爱好者、发烧友、开源开发者、初创公司及其创始人，在主流技术之外孵化这类技术。这项工作通常涉及较少的资金投入和正规培训，这有助于外部人士与业内人士对等竞争。但门槛较低，也会导致业内人士不那么认真对待这类技术及其支持者。

由外而内型技术更难被预见，而且经常被低估。它们的研发人员通常在办公室外、地下室、宿舍或者其他非工作场所，利用闲暇时间进行研究开发。他们在下班后、休息时间或者周末，对研究项目进行修修补补。他们有自己的独特理念和文化，这在外界看来可能很奇怪。其他人可能不理解他们，这些行外人推出的产品半生不熟、用途不明。大多数旁观者会认为，他们的技术产物是玩具般的、奇怪的、不严谨的、华而不实的，有些甚至还是危险的。

请记住，软件是一种艺术形式。正如你不会期望所有伟大的小说或画作都出自知名机构的人一样，你也不应该期望所有伟大的软件都来自这些人。

谁是这些外部人士？想象一下热爱反主流文化、20多岁的史蒂夫·乔布斯，参加家酿计算机俱乐部（Homebrew Computer Club）的情景。[6]这个俱乐部是由一群痴迷于微型计算机的极客构建的乐园。在20世纪70年代，该俱乐部每个月都会在加利福尼亚举办聚会。想象一下，在1991年的赫尔辛基大学，学生时代的林纳斯·托瓦兹（Linus Torvalds）正在编写一个个人项目，[7]这就是后来以他名字命名的Linux操作系统。或者再想象一下，拉里·佩奇和谢尔盖·布林决定从斯坦福大学退学，并于1998年搬进门洛帕克的一个车库，把他们的网络链接目录项目BackRub[8]发展成谷歌。

由外而内型技术的价值，在发明出来之前通常是不明确的，而且很可能在发明出来之后多年内还是如此。1989年，蒂姆·伯纳斯-李在瑞士的一个物理实验室发明了万维网，最初它还只是个半成品，但随着其潜力被开发者和创业者所认可，它的发展呈现指数级增长。正如我的技术专家朋友赛普·卡姆瓦尔（Sep kamvar）开玩笑说的，如果你问当时人们需要什么来改善生活，他们不大可能会说需要一个超文本链接的去中心化信息节点网络。然而，现在回过头来看，这正是他们所需要的。

爱好孕育着未来的产业。开源软件在成为主流之前只是一场小众的反版权运动。社交媒体最初只是理想主义博客爱好者的消遣活动，后来才为全世界所接受。穿着 T 恤和人字拖的业余爱好者孕育出大型产业，这似乎是科技行业一个有趣的怪现象，但实际上，爱好是推动技术发展的重要力量。商人用金钱投票，为了创造短期的经济回报；工程师用时间投票，为了发明有趣的新玩意。

当最聪明的人不受近期财务目标的限制时，他们就会把时间花在爱好上。我喜欢说，最聪明的人在周末做的消遣事项，就是 10 年后其他人在工作日要做的事情。

"由内而外"和"由外而内"这两种技术发展模式，往往是相辅相成的，回顾过去 10 年推动计算机发展趋势的技术组合，就可以发现这一点。如前所述，移动技术是苹果、谷歌等公司开创的由内而外型技术，这已经将计算机带进了数十亿人的生活。社交媒体技术是像哈佛大学辍学生马克·扎克伯格这样的黑客拼凑出来的由外而内型技术，推动了用户使用和货币化变现。云技术是由亚马逊公司率先推出的另一种由内而外型技术，使得后端网络服务能够灵活扩展。[9] 当这两种模式结合在一起时，就像核聚变一样，可以释放出强大的力量。

区块链是一种典型的由外而内型技术。大多数老牌科技公司对其视而不见，有些公司员工甚至对其嗤之以鼻。许多人之所以忽视区块链，是因为他们甚至不认为区块链是计算机。然而，初创企业创始人和开源开发者独立团体，正在积极推动该技术的发展。就像早期的协议网络（如万维网）和开源软件（如 Linux）一样，行外人正在以类似方式引领这场新的计算运动。

区块链是一种新型计算机

在 2008 年的一篇论文中，化名为中本聪的发明家或发明家团队（其身份至今不明）提出了全世界第一个区块链。[10] 尽管当时他并没有将自己的发明称为区块链——他分别使用了"区块"和"链"这两个词——但围绕其思想而形成的社区最终将这两个词结合在了一起。他的论文将比特币这种新型数字货币描述为，"一种基于加密证明而非信任的电子支付系统，允许任何愿意交易的双方直接进行交易，而无须可信第三方的介入"。为了移除可信第三方，中本聪提出了一种让系统独立运行计算的方法。为此，他描述了一种新型计算机——区块链。

计算机是一种抽象概念，[11] 由其功能而非组成部分来定义。最初，"计算机"指的是进行计算的人。* 在 19 世纪和 20 世纪，这个词开始指能够进行计算的机器。英国数学家阿兰·图灵在 1936 年发表了一篇关于数理逻辑的著名论文，该论文深度研究了算法的本质和局限，这为计算机的发展奠定了更严谨的基础。[12] 在该论文中，图灵定义了当代计算机科学家所称的状态机，以及其他人所称的计算机。

状态机由两部分组成：存储信息的地方和修改该信息的方法。存储的信息被称为状态，相当于计算机内存。被称为程序的一组结构体，规定了如何获取一个状态（输入）并产生一个新状态（输出）。我喜欢从语言的角度来描述计算，因为能读写的人比能编程的人多。想象一下，"名词"代表状态或记忆，即可以被操

---

* 计算的英文是 compute，computer 原本是指进行计算的人。——译者注

第四章 区块链

作的东西;"动词"代表代码或程序,即执行操作的动作。你会听到我反复强调,任何你能想象的东西,都可以被编码,这就是为什么我把编码比作小说写作等创意性活动。在这方面,计算机的用途极其广泛。

状态机是思考计算机的最纯粹的方式。中本聪的区块链不是个人电脑、笔记本电脑、手机或服务器之类的物理计算机,而是一台虚拟计算机——这意味着它是一台功能上的计算机,而不是传统意义上的物理计算机。区块链是一种应用于物理设备之上的抽象软件。它是状态机。正如"计算机"的含义曾一度从"人"转变为"机器"一样,这个词后来也不仅包含硬件还包含软件。

自国际商业机器公司(IBM)在 20 世纪 60 年代后期开发出第一台软件计算机,[13] 并在 70 年代初发布以来,基于软件的计算机或"虚拟机"便已经存在。在 20 世纪 90 年代末,IT 巨头 VMware 让这项技术推广开来。如今,任何人都可以通过在个人电脑上下载所谓的管理程序软件,来运行虚拟机。公司通常使用虚拟机来简化企业数据中心的管理,虚拟机也是云服务提供商运营的核心组件。区块链将这种基于软件的计算模式,扩展到一个新的环境中。计算机可以由多种不同的方式构建,它们是由其功能特性而非外观所定义的。

区块链的工作原理

区块链从设计上就可以防止数据被篡改和操控。[14] 它建立在物理计算机网络之上,任何人都可以加入,但任何单一实体都极难控制整个网络。这些物理计算机维护虚拟计算机的状态,并控制其向新状态的转换过程。在比特币区块链中,这些物理计算机被称为"矿工",但现在更常见的说法是"验证者",因为它们真正要做的是对状态转换进行验证。

如果状态转换听起来太抽象,打个比方可能会对你有所帮助。我们可以把比特币想象成一个有两列数据的花哨的电子表格或分类账。(当然,实际情况比这更复杂,但请听我慢慢解释。)第一列中每一行都有一个唯一的地址,而第二列中的每一行则显示该地址持有的比特币数量。状态转换会对第二列中的行进行更新,以反映最新一批比特币执行的所有转账。这就是要点!

如果任何人都可以加入网络,那么虚拟计算机如何确定其状态的单一真实来源?换言之,如果电子表格对所有人开放,那么又怎么会有人相信表格中各行里的数字呢?答案是:通过涉及密码学(安全通信科学)和博弈论(战略决策研究)的数学保证。

接下来我们讲一下,提议的状态如何成为计算机的下一个状态。在每次状态转换过程中,验证者会运行一个程序,就下一个状态达成共识。首先,验证者要做的就是和其名字一样:验证,即确保每一笔交易都有适当的数字签名。然后,网络随机选择一个验证者,将符合条件的交易捆绑在一起,来创建下一个状态。其他验证者会检查并确保新状态有效,这样所有绑定的交易就都有效,计算机的核心承诺也就得到了遵循(例如,以比特币为例,它的数量永远不会超过 2 100 万个)。当开始向下一个状态过渡的时候,验证者在新状态的基础上进行验证,从而有效地对新状态进行判断和评估。

该流程旨在确保每个人都能根据相同且有效的历史版本工作,并达成共识。如果某个验证者(或验证者子集)试图作弊,其他验证者完全有机会识破谎言并将其淘汰出局。该过程的规则设置方式,使得需要大多数验证者串通一气,才会让整个系统失效。

在我们前面的简化示例中，新的主电子表格的副本文件是由被选中的验证者提出的。当然，实际上并没有电子表格，只有状态转换，这才是计算的本质。每个状态转换被称为一个区块，区块被链接在一起，从而让任何人都可以通过检查区块来验证计算机的完整历史记录。区块链，因此而得名。

状态转移可以包含的内容，远不止简单操作账户余额数字。它可以包含一整组的嵌套计算机程序。比特币区块链自带一种编程语言，叫作比特币脚本（Bitcoin Script），软件开发者可以用它创建程序并用之修改状态的转换。不过这种编程语言在设计上刻意带有局限性。人们主要用它在账户之间转账，或创建由多个用户控制的账户。较新的区块链（如 2015 年亮相[15]的首个通用区块链——以太坊），允许开发人员使用更具表现力的编程语言进行编程。

在区块链中加入高级编程语言，是一项重大突破。这类似于苹果公司为 iPhone 引入应用商店（区别在于，手机应用商店是要受到审查的，而区块链则是开放的、无须许可的）。世界上任何一位开发者都可以在以太坊等区块链上编写和运行各种应用，从市场到元宇宙，不一而足。这是一个非常强大的特性，使得区块链比会计账簿更具表现力和通用性。因此，仅仅把区块链当成用来记录数字的账本，是大错特错的。区块链不是数据库，而是功能完备的计算机。

不过，在计算机上运行应用程序需要消耗资源。无论是比特币这样的特定应用区块链，还是以太坊这样的通用区块链，都需要人们为验证状态转换的算力付费，因此必须给人们一个投资这些网络的理由。为此，中本聪引入了一个巧妙的机制：系统的数字货币，即比特币，本身就是为计算机提供动力的资金来源。此后，其他区块链纷纷效仿该项设计。

每个区块链都有一套自己的内部激励机制，来吸引人们参与其中。在大多数系统中，每个新区块或状态转换都会向幸运的验证者发放小额赏金。（"验证者"可以是对状态转换进行投票的计算机，也可以是操作这些计算机的个人或团体。）那些忠实验证数字签名，并只对区块链提出有效变更的诚实验证者，会得到奖励。这种经济激励措施鼓励验证者持续支持网络，并一如既往地诚实行事。（资金也会通过向用户收费流入区块链。关于如何运作以及如何对代币进行估值等更多内容，参见第十章。）

区块链是无须许可的，因此任何能上网的人都可以参与。中本聪之所以以这种方式设计最初的区块链——比特币，是因为他认为现有的西方金融体系是精英主义的，有利于银行等特权中介机构。与之相反，他希望让每个人都处于平等地位。如果设定了申请或筛选的过程，就会引入新的特权中介，这会让现存系统的问题重现。但这种设计也导致一个问题：如果所有计算机都可以投票，那么垃圾信息和不良行为者就会很容易使网络不堪重负。

对此，中本聪的解决方案是对参与收取"费用"。要对下一个机器状态进行投票，矿工需要执行计算工作（这需要耗能），并提交工作的执行证明。这个被称为"工作量证明"（PoW）的机制，实现了开放、无须许可的投票，同时还能过滤垃圾信息和其他恶意行为。以太坊之类的其他区块链，采用了被称为"权益证明"（PoS）的另一种证明机制。权益证明不要求验证者为消耗电力付费，而是要求他们"质押"，即把货币放在托管账户中以防风险。如果验证者行为诚实，他们就能获得货币奖励。如果他们被发现有作弊行为，比如投票支持了自相矛盾的状态转换，或同时提出多个相互冲突的状态转换，他们的质押品就会被"削减"或没收。

对比特币的主要批评之一，是其过度消耗能源，这会对环境造成负面影响。虽然清洁能源（如水坝和风力涡轮机产生的多余可再生能源）可以减轻工作量证明对环境的影响，但更好的办法是用能耗较低的机制（如权益证明）完全取代工作量证明，[16] 从而消除对区块链环境问题导致的异议。

权益证明与工作量证明同样安全，甚至还要更安全，而且成本更低、速度更快、能源效率更高。以太坊在 2022 年秋季完成了从工作量证明到权益证明的过渡，并取得了显著成效。下页表格显示了以太坊权益证明与其他常见系统能源消耗之间的对比结果。

本书中提到的许多区块链都使用了权益证明，除了比特币这个显著的例外。未来，我预计权益证明将成为区块链中最受欢迎的驱动力量。对能源消耗的担忧，不应阻碍任何人使用这项强大的新技术。

人们普遍误认为区块链能够提供保密性和匿名性，但这是一个误解。虽然"加密"（Crypto）这个词字面意思上是"编码"或"隐藏"，容易让人联想到阴谋和诡计，但这并不代表区块链真的能提供完全的隐秘性。人们对如何用这个词来描述这个行业存在争议，它会让人误以为区块链隐藏了信息，因此非常适合于非法行为。这种误解很常见，尤其是在描绘罪犯使用加密货币秘密转账的电视和电影桥段中，但这是完全错误的。

事实上，比特币和以太坊等主流区块链系统上发生的一切，都是公开和可追踪的。就像电子邮件一样，虽然你可以使用虚假身份注册，但有专门的公司负责去匿名化，执法部门也能轻松追

与以太坊权益证明年化能耗的对比

银行系统	239 太瓦时	92 000 倍
全球数据中心	190 太瓦时	73 000 倍
比特币	136 太瓦时	52 000 倍
黄金开采	131 太瓦时	50 000 倍
美国所有博彩业	34 太瓦时	13 000 倍
以太坊工作量证明	21 太瓦时	8 100 倍
谷歌	19 太瓦时	7 300 倍
奈飞	0.457 太瓦时	176 倍
贝宝	0.26 太瓦时	100 倍
爱彼迎	0.02 太瓦时	8 倍
以太坊权益证明	0.002 6 太瓦时	1 倍

资料来源:"Ethereum Energy Consumption," Ethereum. org, accessed Sept. 23, 2023, ethereum. org/en/energy-consumption/;George Kamiya and Oskar Kvarnström, "Data Centres and Energy—From Global Headlines to Local Headaches?" International Energy Agency, Dec. 20, 2019, iea. org/commentaries/data-centres-and-energy-from-global-headlines-to-local-headaches;"Cambridge Bitcoin Energy Consumption Index:Comparisons," Cambridge Centre for Alternative Finance, accessed July 2023, ccaf. io/cbnsi/cbeci/comparisons;Evan Mills et al., "Toward Greener Gaming:Estimating National Energy Use and Energy Efficiency Potential," *The Computer Games Journal*, vol. 8(2), Dec. 1, 2019, researchgate. net/publication/336909520_Toward_Greener_Gaming_Estimating_National_Energy_Use_and_Energy_Efficiency_Potential;"Cambridge Blockchain Network Sustainability Index:Ethereum Network-Power Demand," Cambridge Centre for Alternative Finance, accessed July 2023, ccaf. io/cbnsi/ethereum/1;"Google Environmental Report 2022," Google, June 2022, gstatic. com/gumdrop/sustainability/google-2022-environmental-report. pdf;"Netflix Environmental Social Governance Report 2021," Netflix, March 2022, assets. ctfassets. net/4cd45et68cgf/7B2bKCqkXDfHLadrjrNWD8/e44583e5b288bdf61e8bf3d7f8562884/2021_US_EN_Netflix_EnvironmentalSocialGovernanceReport-2021_Final. pdf;"PayPal Inc. Holdings—ClimateChange 2022," Carbon Disclosure Project, May 2023, s202. q4cdn. com/805890769/files/doc_downloads/global-impact/CDP_Climate_Change_PayPal-(1). pdf;"An Update on Environmental, Social, and Governance (ESG) at Airbnb," Airbnb, Dec. 2021, s26. q4cdn. com/656283129/files/doc_downloads/governance_doc_updated/Airbnb-ESG-Factsheet-Final). pdf;"The Merge—Implications on the Electricity Consumption and Carbon Footprint of the Ethereum Network," Crypto Carbon Ratings Institute, accessed Sept. 2022, carbon-ratings. com/eth-report-2022;Rachel Rybarczyk et al., "On Bitcoin's Energy Consumption:A Quantitative Approach to a Subjective Question," Galaxy Digital Mining, May 2021, docsend. com/view/adwmdeeyfvqwecj2.

踪到你的真实身份。[17]区块链在默认情况下过于公开，它与生俱来的透明度实际上会阻碍人们使用区块链。这似乎有悖于常理，因为公众错误地认为加密货币是一个黑盒子，但事实确实和人们想的不一样。事实上，人们可能会因为担心暴露敏感信息（如工资、医疗账单或发票），而不愿应用区块链。一些项目正在努力解决这个问题，为用户提供保密交易的选项。最先进的项目采用最先进的密码学技术，尤其是像"零知识证明"这样的创新，[18]它可以审计加密数据，从而降低非法活动的风险，[19]以满足监管合规的要求。

区块链被称为"加密"，不是因为它能实现匿名（其实并不能），而是因为其基于20世纪70年代的一项数学突破，[20]即公钥密码学。公钥加密技术的关键是，它能让从未进行过交流的多方彼此进行加密操作。最常见的有两种操作：一是加密，即对信息进行编码，使其只能被预期的接收者解码；二是验证，让个人或计算机对信息签名，证明该信息是真实的，并且确实出自其源头。当人们将区块链描述为加密技术时，指的是后一种意义上的"认证"，并不是指"加密"。

公钥和私钥是区块链的安全基础。人们使用私钥（只有他们自己知道的密码）来进行网上交易。与之相反，公钥则用来识别交易往来的公共地址。公钥和私钥之间存在数学关系，因此很容易从私钥推导出公钥，但要从公钥推导出私钥则需要巨量的算力。这就是为什么区块链用户可以通过签署一项交易来给别人汇款，交易信息本质上是在说"我给你这笔钱"。这种签名类似于在现实世界中签署支票或法律文件。它使用数学方法来防止伪造，而不是用手写签名。

数字签名被广泛应用于计算场景，以验证数据的真实性和完整性。浏览器通过检查数字签名，来确保网站的合法性。电子邮件服务器和客户端使用数字签名，来确保信息在传输过程中没有被伪造或篡改。大多数计算机系统会通过确认数字签名，来验证软件下载的来源是否正确，是否被篡改。

区块链也使用数字签名。区块链使用数字签名来运行无须信任、去中心化的网络。"无须信任"听起来有些令人困惑，但当人们在区块链语境中这样说时，他们的意思是区块链不需要更高的权威：没有中介，没有中心化的机构来监督交易。通过共识机制，区块链可以自行安全地验证交易发送者的真伪，任何一台计算机都无权改变规则。

设计良好的区块链，一般都通过激励机制鼓励验证者诚实行事。有时，它也会像以太坊那样惩罚不良行为。再次强调，共识机制是区块链安全保障的基础。如果攻击区块链的成本足够高，且如果大多数验证者都能根据自己的经济利益诚实行事（最常见的区块链就是如此），那么系统就是安全的。万一攻击成功，参与者可以拆分或"硬分叉"网络，并将区块链回滚到之前的检查点——这对攻击者来说又是一种威慑。

即使有些用户不诚实，想利用区块链来牟利，该机制也能让每个人保持诚信。这就是该机制的天才之处：利用一套激励结构，使其能够自我监督。通过精心设计的经济奖励机制，区块链让用户互相制约。因此，尽管他们可能并不信任彼此，但他们可以信任他们共同协助保护的去中心化虚拟计算机。

在实践中，这种无须信任的特性，使得人们能够设计出与传统在线系统截然不同的网络。网上银行或社交网络等大多数互联网服务，都需要登录才能访问你的数据和资金。公司会将你的数据和登录凭证保存在数据库中，这些数据和凭证可能会被黑客攻击或滥用。企业网络在某些地方使用加密技术，但大多数情况下依赖于使得外围安全的方法。这种方法涉及防火墙和入侵检测系统等一系列技术，旨在将外部人士和未经授权的各方拒之门外。这种模式就像在一个堆满黄金的堡垒四周筑起围墙，然后只保护这堵墙。这是行不通的。数据泄露如此普遍，以至于此类事件几乎不再是新闻了。外围安全模式对攻击者十分有利，他们只需找到一个缺口就能入侵系统。

相比之下，区块链可以存储数据和资金，但你不需要登录，因为没有什么可供登录。相反，如果你想进行转账之类的操作，只需向区块链提交已签名的交易即可。你的私人数据是保密的，[21]你不必与任何服务共享信息。与企业网络不同，区块链没有单点故障；也不像典型的互联网服务一样，有内部服务器可以"入侵"。区块链是开放的公共网络。如果要"入侵"区块链，就必须接管网络上的大部分节点——这是成本极其高昂且完全不切实际的。

安全的一个关键概念是"攻击面"，指的是攻击者可能发现漏洞的全部地方。区块链的安全理念是，使用加密技术来最大限度地减少攻击面。在区块链模式中，堡垒内部并没有可以窃取的金子。需要保密的数据都会被加密，只有用户（及其授权者），才有解密数据的密钥。当然，密钥需要安全保管，用户可以选择让第三方软件托管人代为管理这些密钥。区别在于，这些托管人只关注安全性。在企业模式中，缺乏安全专业知识的各行各业自己负责存储和管理数据。医院负责健康记录的安全，汽车经销商负责财务记录的安全……区块链将安全从业务功能中分离出来，交由托管人等专家做他们最擅长的事情。

当你听到所谓区块链黑客攻击时，几乎都是针对使用加密货币的机构进行的攻击，或者是针对个人老式网络进行的钓鱼攻击。它们通常都不是对区块链本身的黑客攻击。区块链极少会真正遭到黑客攻击，遭到攻击的几乎总是小型、不知名、不安全的区块链。成功的攻击会破坏交易处理，或使攻击者能够在多个地方"双花"同一笔钱。这些攻击被称为51%攻击，[22] 因为黑客必须控制超过系统一半的验证者才能成功。像以太坊经典版和比特币SV等脆弱的系统，都曾遭受过51%攻击。相比之下，成功攻击比特币或以太坊这样的大型区块链的成本高得令人望而却步，以至于不可行。

但这并没有阻止人们去尝试。比特币和以太坊等主流区块链已多次被攻击，但无一成功。这些技术都是经过实战检验的。实际上，这些区块链是世界上最大的漏洞悬赏计划。黑客攻击区块链可以获得巨额奖金，可以将价值数千亿美元的巨额资金转移到自己手中，但这种情况从未发生过。精心设计的区块链安全保证，不仅在理论上行之有效，迄今为止在实践中也是如此。

区块链为何至关重要

是什么促使人们编写一些在区块链上运行的软件，而不是在网络服务器或手机之类的传统计算机上运行的软件？我们将在第三部分更详细地探讨这个问题，但在此之前，让我们先快速回顾一下区块链的独特性。

第一，区块链对每个人都是平等的，每个人都可以访问。区块链继承了早期互联网的精神，提供人人平等的参与机会。任何能上网的人都可以上传和执行他们想要的任何代码。任何用户都没有凌驾于他人之上的特权，网络对所有代码和数据都一视同仁。与当今科技行业门可罗雀的现状相比，这个框架更为公平。

第二，区块链是透明的，它的代码和数据对所有人公开。如果代码和数据只对某些人开放，那么其他参与者就会处于不利地位，这将破坏该技术的平等承诺。任何人都可以查看区块链的历史记录，并确信系统当前的状态是由一个有效的过程生成的。即使你没有亲自审核代码和数据，你也知道其他人可以并且可能已经这么做了。透明产生信任。

第三，也是最重要的一点，区块链可以对自己未来的行为做出强有力的承诺——它们运行的任何代码都将继续按照设计运行。传统的计算机无法做出这种承诺，它们或直接（如个人计算机）或间接（如公司计算机）地由个人或团体控制。它们的承诺很弱。区块链颠覆了这一关系，让代码掌握控制权。前文所述的共识机制及其软件的不可篡改性，使得区块链不受人为干预。使用区块链时，你无须相信他人或公司的承诺。

谷歌、Meta 和苹果等公司的工程师认为，计算机是一种机器，他们可以将其设置为听命于自己。谁控制了电脑，谁就掌控了软件。关于电脑如何运行，用户得到的唯一保证就是软件提供商撰写的冗长"服务条款"等法律协议。这些协议意义不大，几乎没有人愿意阅读，更不用说去协商了。（俗话说："云计算只是在用别人的电脑。"）

区块链则不同。区块链的不同之处不仅在于它能做什么，还在于它让人不能做什么。区块链可以抵抗人为操纵，这一特性可能让人误以为它更像数据库而非计算机。区块链系统可以在其他人的计算机上运行，但关键在于软件掌握着控制权。个人或公司可能会试图操纵软件，但软件自身会抵制任何篡改。尽管有人试图破坏它，但虚拟计算机仍会按原计划继续运行。

这种抗篡改性不仅适用于区块链本身，也适用于在其上运行的所有软件。建立在可编程区块链（如以太坊）上的应用程序，继承了平台的安全保证。这意味着社交网络、购物平台、游戏等应用程序，也可以对自己未来的行为做出强有力的承诺。整个技术栈、区块链以及在其上构建的任何东西，也都可以做出这些强有力的承诺。

那些未能认识到区块链力量的批判者，往往有不同的优先考量事项。包括大型科技公司员工在内的很多人，关心的是如何在内存和计算能力等熟悉的维度上改进计算机。他们认为区块链的能力是制约因素，是弱点而不是优势。习惯了自由发挥的人很难理解，计算机的改进可以在一定程度上削弱其权威的维度上进行。

在新技术的早期发展阶段，"模仿"思维比"原生"思维更盛行。同样的道理，那些超出常规的突破性进步可能会被否定，因为先入为主的观念往往会束缚创新。

你可能会问，为什么能够对未来行为做出强有力承诺的计算机和应用程序会如此重要呢？正如中本聪所表明的，原因之一是为了创造数字货币。成功的金融系统，需要的是对其长期承诺的信任。比特币承诺其数量永远不会超过 2 100 万枚，这一承诺使比特币的稀缺性变得可信。比特币还确保人们无法玩"双花"，或同时在两个地方使用同一笔钱的把戏。这些承诺是比特币作为货币具有价值的必要非充分条件。（比特币还需要可持续的需求来源，我将在第十章的"排水口与代币需求"部分讨论这个话题。）

构建在传统计算机之上的承诺没有那么重要，因为给出承诺的人或者机构可以轻易改变主意。假设谷歌使用其数据中心的标准服务器来铸造谷歌币，并规定谷歌币的数量永远只有2 100万枚，那么没有任何东西可以约束该公司遵守这一承诺。谷歌的管理层可以随时单方面改变规则和软件。

公司承诺并不可靠。即使谷歌在其服务协议中做出承诺，它也可以通过随时修改协议、绕过协议或关闭服务（迄今为止，它已经关闭了近300种产品）[23]来违反这些条款。我们根本无法相信公司会信守对用户的承诺。受托责任胜过其他一切。公司的承诺不会有效，事实上，也从未有效过。这就是为什么第一次可信的数字货币尝试是建立在区块链上，而不是由任何一家公司实现的。（理论上，非营利组织或许可以对用户做出长期承诺，但这也有其自身的挑战，我将在第十一章的"非营利模式"部分讨论这一点。）

数字货币只是区块链能够实现的众多新型应用中的第一个。区块链与所有计算机一样，都是技术专家用来搞发明创造的画布。区块链的独特性解锁了一系列应用，而这些在传统计算机上根本无法实现。随着时间的推移，人们将会发现全部可用的应用，但其中很多都要涉及构建新的网络。通过提供更新的功能、更低的费用、更强的互操作性、更公平的治理和共享财务利益来改进现有网络，我们就可以得到新网络。

举例来说，金融网络可以承诺，以透明和可预测的条件进行借贷和其他活动；社交网络可以承诺，为用户提供更好的经济效益、数据隐私保护和透明度；游戏和虚拟世界可以承诺，为创作者和开发者提供开放访问权限和有利的经济利益机制；媒体网络可以承诺，为创作者提供新的赚钱和合作方式；集体谈判网络可以承诺，在人工智能系统使用作家和艺术家作品时向他们支付公平报酬。我将在本书接下来的部分（尤其是本书第五部分"未来展望"）详细讨论这些网络，以及它们如何带来更好的结果，但首先我们将探讨区块链如何落实所有权问题。

第五章　代币

> 改变社会的技术，往往就是改变人与人之间互动的技术。[1]
>
> ——塞萨尔·A. 伊达尔戈

单人模式技术和多人模式技术

如果你被困于荒岛，孤身一人活在世上，那么金钱就没太大用途。如果缺乏连接，那么计算机网络也毫无用处。但是，一把锤子、一盒火柴或一些食物却很有用。如果有一个电源，那么单机电脑也很有用。

环境很重要。有些技术是社交性的，有些则不是。金钱和计算机网络都是社交性的技术，它们协助人与人之间进行互动。有时，人们会借用电子游戏的术语，将一个人就能用的技术称为单人模式。以此类比，社交技术是多人模式。

区块链也是多人模式。它允许任何人通过编写代码来做出强有力的承诺，个人和组织不太需要对自己做出承诺。这就是为什么只在现有企业组织内部运行的"企业区块链"的创建尝试一直没有成功。区块链的作用在于，能协调人与人之间的关系，即使这些人在之前并没有任何联系。当不仅是多人使用，而且是大规模的多人使用时，区块链才能发挥最大用处，即广泛应用于整个互联网时，它的价值最为明显。

任何试图扩展到数十亿人的社交技术，都需要简化假设。软件代码库里的每一行代码都是一个逻辑语句，因此可能会非常复杂。在今天这个 50 亿人都在使用互联网的规模上，这种复杂性可能更加突出。每一个重叠的逻辑相互依存关系，都会增加出错的可能性。代码越多，意味着漏洞也就越多。

解决这种复杂性的有效方法之一是，采用一种被称为"封装"的软件技术。封装通过将代码单元限制在明确定义的接口内来简化复杂性，从而使代码更易于使用。如果这听起来很陌生，不妨想一想在现实世界中常常被我们忽略的一种简单设备：电源插座。

任何人都可以插入插座取电并运行各种电器：灯具和笔记本电脑、警报器和空调、咖啡壶和照相机、搅拌机和吹风机、Xbox 和 Model X，等等。插座解锁了电网，让人类拥有了超能力，且无须了解插座背后的工作原理。插座隐藏了细节。重要的是接口，即封装。

由于软件非常灵活，封装代码还有一个好处：它极易重复使用。封装代码就像乐高积木，这些小块可以组合成组，从而创造出更大、令人印象更加深刻的作品。当一大群人在开发软件时，封装尤其有用，这是现代大多数软件开发的实际情况。一名开发者可以创建一些乐高积木——程序的基础模块，例如可用于存储、检索或操作数据，或访问各种服务（如电子邮件或支付）的组件。然后，其他开发者就可以利用这些组件，并重复使用，任何一方都不必去了解其他人正在做什么等细节事项。小块就是这样——就位的。

说到区块链，一个关键的简化概念是被称为"代币"的所有权单位。人们往往认为代币就是数字资产或货币，但更准确的技术定义是，代币是一种可以追踪区块链上用户数量、权限和其他元数据的数据结构。如果这听起来很抽象，那是因为代币本身就是一种抽象概念。这种抽象性使代币易于使用和编程。代币将复杂的代码封装成一个简单的包装器，就像电源插座一样。

代币代表所有权

代币是什么并不重要，重要的是它能做什么。

代币可以代表任何数字资产的所有权，包括金钱、艺术品、照片、音乐、文本、代码、游戏道具、投票权、访问权，以及人们接下来可能会想到的任何东西。通过一些额外的构建模块，代币还可以代表现实世界的物品，如实物商品、房地产或银行账户里的资金。任何可以用代码表示的东西都可以封装在代币中，可被用于购买、出售、使用、存储、嵌入、转让，以及人们想用它做的任何其他事情。如果这听起来简单得似乎无足轻重，那就是设计的初衷。简单是一种美德。

代币可以实现所有权，而所有权意味着控制权。在传统计算机上运行的代币，如前文假设的谷歌币，可以被随意拿走或更改，这削弱了用户的控制权。而运行于区块链这类计算机上的代币，能对未来的行为做出有力承诺，这真正释放了此项技术的潜能。

以游戏为例。数字物件和虚拟商品在计算机世界中存在已久。《堡垒之夜》和《英雄联盟》等热门游戏，每年通过销售玩家角色的皮肤等虚拟商品赚取数十亿美元。[2] 但这类数字商品并不是买来的，而是借来的。游戏背后的公司可以随时删除或更改条款用户不能将这些商品转移到游戏之外，也不能转售或做任何与所有权相关的事情。游戏平台作为真正的所有者说了算。如果游戏道具升值，用户并不能获得回报。几乎无一例外的是，游戏最终都会逐渐消失或被关闭，其虚拟商品也会随之消失。

大多数常见的社交网络也是如此。正如我们之前讨论过的，用户并不拥有自己的名称和粉丝，平台才拥有。一些大型科技公司常常"耍大牌"。在 2021 年 10 月脸书更名为 Meta 的几天之后，该公司撤销了一位艺术家@metaverse 的照片墙账号。[3]（在一片哗然和《纽约时报》的一篇声讨文章之后，Meta 恢复了她的账号。）类似地，当推特在 2023 年更名为 X 时，[4] 它从一位长期用户那里征用了@x 账号。这类剥夺权利的事件时有发生，政治人物、活动家、科学家、研究人员、名人、社区领袖和其他用户，被企业网络封禁的例子不胜枚举。[5] 控制网络的公司可以完全控制账户、评级和社交关系等。用户在企业网络中的所有权，只是一种假象。

区块链让软件（而不是人）来拥有控制权，而且这些软件的代码不可篡改，从而实现了真实的所有权。通过代币这一构件，区块链让所有权这一概念变得切实可行。

在互联网的早期发展阶段，网站的概念也发挥了类似构件的作用。万维网的初衷是，建立一个由许多不同的人控制但由链接可以全部连接的信息海洋。这是一个深远而宏大的愿景，本可能会陷入复杂的泥潭之中。但网站被设计成了简单的单元，为更复杂的建设奠定了基础。这些基础构件一旦形成规模，就可以创造出数字版的城市街区。

互联网的只读时代是由网站定义的，它封装了信息。读写时代的定义是由帖子定义的，它封装了发布功能，使得任何人都可

第五章　代币

以轻松接触到广泛的受众,而不是只有网络开发者才可以。"读,写,拥有"时代(互联网的最新阶段)是由一个新的简化概念即代币定义的,它封装了所有权。

代币的用途

代币看似简单,实则功能强大。代币是一种广泛应用的技术,主要有两种类型:[6] 同质化代币(如比特币和以太币)和非同质化代币(NFT)。

同质化代币可以互相交换。一种同质化代币中的一个代币,可以与同一种代币中的任意一个代币互相交换。就像苹果对苹果一样,这是同类之间的平等互换。货币同样可以互相交换,如果某人有10美元,他并不在意是哪张10美元的钞票,而只在意自己有10美元。

对非同质化代币来说,每个代币都是独一无二的,就像现实世界中的许多物体都是独一无二的一样。我书架上的那些书,有不同的书名、不同的作者,它们都是独一无二的。尽管都是书,它们却不能相互交换。这就是非同质化。

同质化代币有很多用途,其中最突出的是作为软件持有和控制货币的一种方式。传统的金融应用程序并不直接持有资金,它们持有的是资金的引用,而资金本身则存放在银行等其他地方。由软件持有和控制的货币,是一个在区块链出现之前并不存在的新概念。

同质化代币最著名的例子就是,像比特币之类的加密货币。许多公开讨论都认为,加密货币是区块链主要的用途。宣扬比特币可以替代政府控制货币的知名人士,更加剧了这种误解。因此,许多人错误地将区块链和代币与自由主义政治联系在了一起，尽管事实上这些技术是政治中立的。

加密货币作为新的货币体系，只是区块链和代币众多用途中的一种。同质化代币也可以用来代表国家货币。人们把与国家货币挂钩的代币称为稳定币，[7]因为它们往往比其他代币波动更小。一个常见的误解是，稳定币对美元作为世界储备货币的地位构成威胁。事实上，情况似乎恰恰相反。对互联网原生美元的需求是如此强劲，以至于很多稳定币发行商都选择将其稳定币与美元挂钩。但到目前为止，美国还没有发行央行数字货币。[8]

在没有美国政府支持的稳定币的情况下，私营部门已经发行了许多稳定币，它们维持货币挂钩的方式各不相同。一些稳定币发行商用银行里的法定货币支持其代币。美元币（USDC）是一种常见的法币支持的稳定币，[9]由一家名为 Circle 的金融科技公司管理。该系统的设计，使得一个代币可以兑换一美元。当人们相信代币可以兑换成美元时，即使他们很少兑换，也会这样对代币进行估值。许多应用程序使用 USDC 代币进行程序化转账，其中包括去中心化金融（DeFi）的应用程序。

"算法"稳定币是另一种模式。这些稳定币试图通过自动做市程序维持其挂钩。为了保持偿付能力，它们会在市场价格下跌时自动出售抵押品，如托管中的代币。由于谨慎管理储备，一些算法稳定币尤其是 Maker 系统，即使在剧烈波动时期也能成功维持其挂钩。然而，一些对抵押品管理得不够谨慎的算法稳定币，可能会崩盘。臭名昭著的 Terra 崩溃事件，就发生在 2022 年。[10]

代币是通用的软件基础元素。它们可以被设计得很好，也可以被设计得很糟。顺便提一下，有些人会区分"币"、"加密货币"和"代币"这三个词。也许你已经注意到了，我在大多数情况下将它们互换使用。虽然如此，但我和很多业内人士一样都更喜欢"代币"，因为这个词更能传达技术的抽象性和通用性。"代币"听起来很中性，因此最真实：它不像"币"那样过分强调金融方面的功能，也没有"加密货币"潜藏的政治含义。

同质化代币的另一个用途是，作为区块链网络的动力燃料。以太坊中一种原生的同质化代币是以太币，它有双重用途。首先，它可用于以太坊网络内的支付，可以运用在 NFT 市场、DeFi 服务和其他应用上。其次，它可用于支付"手续费"（gas），这是以太坊运行其网络上软件所需的计算工作量的衡量标准。许多其他区块链也采用了同样的设计，要求支付代币来购买算力资源。在 20 世纪 60 年代和 70 年代，大型机上的分时共享模式非常受欢迎，如今这种按需付费的模式再次兴起。

NFT 也有很多用途。NFT 可以代表艺术品、不动产、音乐会门票之类实物的所有权。有些人使用 NFT（与有限责任公司绑定）来买卖公寓等房产，以转移所有权并保留交易记录，这与地契的作用类似。不过 NFT 最为人所知的用途是，作为数字媒体所有权的一种表示方式。数字媒体可以是任何东西，包括艺术品、视频、音乐、GIF 动图、游戏、文本、表情包和代码等。其中一些代币还附有代码，可以执行诸如管理版税或增加交互操作等功能。

NFT 是如此新潮，以至于购买 NFT 具体意味着什么并不总是很明确的。在现实世界中，当你购买一幅画时，你购买的是这幅画本身以及使用权。一般来说，你购买的不是艺术品的版权，也不是阻止他人使用仿制品的权利。类似地，当你购买代表艺术形象的 NFT 时，你买的也不是版权（尽管购买版权是可能的，但这仅仅取决于代币的设计）。

当今大多数 NFT 的作用更像是签名版，类似于签名画作或签名唱片专辑。艺术品的价值取决于很多因素，包括其稀缺性和评论界的专业鉴定，但也取决于一些复杂的社会和文化因素。人们会给很多东西赋予实用价值之外的经济溢价，包括艺术品、棒球卡、手提包、跑车和运动鞋等。同样，人们也会给具有文化或艺术意义的代币赋予经济溢价。价值是多种因素的函数，有些是客观因素，有些是主观因素。

NFT 也可以有数字用途。NFT 的一个常见用途是跟踪交易，以便艺术家从二次销售中获得版税收入。在游戏中，NFT 可以代表赋予玩家特殊道具和能力的物品、技能和经验值，比如一把战士的剑、一根巫师的魔杖或一种新的舞蹈动作。它们可以提供订阅、活动或讨论的访问权限，就像一些常见的代币化社交俱乐部所做的。通过这些俱乐部，会员可以参加线上或者线下的聚会。

NFT 的另一个用途是连接数字和物理实体。蒂芙尼公司和路易威登公司创建的 NFT,[11] 可用来兑换珠宝、手袋和其他商品。艺术家达米恩·赫斯特（Damien Hirst）创作了一个系列，其中 NFT 代表数字艺术作品,[12] 但也可以兑换成实物版本。其他 NFT 模糊了数字世界和现实世界之间的界限。耐克公司创造了代表数字运动鞋的 NFT,[13] 拥有者可以在电子游戏《堡垒之夜》中展示和穿着，还能获得参与新品发布、与职业选手聊天等活动的机会。

对用户来说，NFT 就像是实物的数字孪生兄弟，打破了线上和线下之间的隔阂。他们不仅能拥有实物产品，还能享受到在线的好处，如在市场上交易、在社交网站上展示或在游戏中为角色佩戴该装备。品牌可以与客户建立持久的数字关系，这是目前大多数品牌所做不到的。

NFT还可以作为标识符，起到类似于DNS的作用。回想一下，通过让用户拥有自己名称的所有权，DNS降低了协议网络的切换成本。NFT标识符也可以在新型社交网络中发挥类似的作用，允许用户在保留名称和链接不变的情况下切换应用程序。

用户通过软件"钱包"持有和控制代币。每个钱包都有一个公共地址作为标识符，该地址来自一个公共加密密钥。如果有人知道你的公共地址，他就可以向你发送代币。如果有相应的私钥，你就可以控制对应钱包中的代币。

"钱包"一词起源于代币仅用于代表货币的时代，但如今这个概念有些误导性了。钱包仍然可以作为在互联网上携带代币的持久存储库，但它也可用于许多其他类型的代币、应用程序和软件交互。一个更好的类比是，钱包之于区块链，正如万维网浏览器之于网络一样，它们都是用户界面。

与钱包一样，"金库"也将代币捆绑在一起并作为用户的接口，但它可以在更大规模上发挥作用。钱包主要供个人使用，而金库则让更大的群体便于协作。在以太坊上，你可以编写一个让社区（去中心化自治组织，简写为DAO）来控制金库的应用程序。社区可以投票决定如何管理金库中的资产，例如为软件开发、安全审计、运营、市场营销、研发、公共产品、慈善捐款及教育活动提供资金。钱包和金库还可以设置为自动运行模式，自动投资、分配资金及参与其他程序化活动。

如果说代币像细胞，那么金库就像一个完整的有机体。金库是一个多方储备工具。软件控制金库，并确保其中的代币只能按照既定规则流动。这些功能把力量赋予区块链，使它有能力对抗公司或非营利组织等线下机构。

数字所有权的重要性

也许这一切听起来都很牵强或无关紧要。人们喜欢开玩笑说，DAO 只是一个"有银行账户的聊天群",[14]NFT 只是美化了的 JPEG 图片，而代币并不比大富翁游戏的钱好到哪儿去。甚至连"代币"这个词，都会让人联想到游戏和街机。但倘若低估了这些技术的重要性，那就大错特错了。

区块链意味着对现状的彻底颠覆。通过代币，它们颠覆了数字所有权的概念，使用户而非互联网服务提供者成为真正的所有者。

人们已经习惯的大多是相反的情况。他们习惯于，在网上获得的所有东西都与数字服务捆绑在一起。许多下载的东西也是如此。例如，你并不真正拥有从亚马逊 Kindle 订购的电子书，或从苹果 iTunes 商店购买的电影。[15] 公司可以随意撤销这些购买行为。你无法转售它们，也无法将它们从一个服务商转移到另一个服务商。每注册一项新服务，都得从头开始。

大多数人觉得自己唯一真正拥有的互联网物品是自己的网站，而且前提是他们拥有自己的域名。我拥有自己的网站，因为我拥有域名。只要我遵守法律，就没有人能夺走它。类似地，公司也拥有自己的企业域名。人们觉得自己拥有的数字资产是建立在网络上的，这绝非巧合。协议网络和区块链网络一样尊重数字所有权，而企业网络则不然。

大多数人已经习惯了企业网络规范，甚至都没有意识到它的特别之处。在现实世界中，如果每到一个新地方都要重新开始，人们就会感到不安。我们理所当然地认为，我们有一个永久身份，可以把物品从一个地方带到另一个地方。所有权的概念在我们生活中是如此根深蒂固，以至于很难想象如果它被剥夺，世界会变成什么样子。想象一下，如果你买的衣服只能在你买的地方穿，如果你不能转售或再投资你的房子或汽车，或者，如果你走到哪里都得改个名字，一切会是什么样的？这就是企业网络的数字世界。

或许，在线下最接近企业网络的类比是主题公园。在那里，一家公司严格控制着整个体验。主题公园固然有趣，但我们大多数人都不希望日常生活也是如此。一旦通过了旋转大门，你就得服从企业主制定的不能有任何质疑的政策。在现实世界的公园大门之外，人们拥有自主权。他们有权自由处置自己的财产，比如开商店做转卖商品的生意，把财产带到自己想去的任何地方。人们从拥有和投资中获得价值和满足感。

所有权也有积极的次级效应。大多数人的财富来自他们所拥有资产的增值，比如他们的房子。众所周知，房主比租户更愿意投资和爱护自己的房子，[16] 进而爱护自己的社区。在此情境下，改善个人的境遇就会改善整体的境遇。

所有权也是许多创业想法的先决条件。像爱彼迎这样新颖的服务，只有在人们可以自由处置自己的房屋（包括出租）的世界中才能存在。生产一件商品通常需要各种原材料，而购买这些原材料之后如何利用，并不需要征得原材料提供商的同意。你可以购买任何你想要的原材料，并随心所欲地使用它们，因为你拥有它们。许多企业可能会以原始创作者从未想象过的方式，有时甚至是以他们不喜欢的方式，对现有事物进行再创造。在专利法等法律允许范围内,所有权是一项基本的自由,意味着你不需要征得许可就能做一些新的事情。

如上所述,所有权的重要性似乎显而易见,但我们大多数人并未真正从互联网的角度去思考它,而我们应该这么做。如果数字世界的所有权能像现实世界中一样普遍实现,那么数字世界将会变得更加美好。

下一个大事件一开始看起来像是个玩具

如今,代币仅被一小部分发烧友(可能只有几百万人)使用,占互联网用户总数很小一部分。这些早期发烧友看起来像使用了一种奇怪的外来技术,这很容易让人低估他们的潜力。但这是错误的,大趋势往往始于微末。

科技行业有一点总是令人惊讶,科技巨头常常错失重大新趋势,[17] 从而让初创企业作为挑战者突然崛起。抖音抢先掌握了短视频技术,让 Meta 和推特等科技老牌公司措手不及。但这些巨头并没有掉以轻心,事实上,大多数巨头都在积极打压、复制、收购和开发产品以避免被取代。早在抖音流行之前,照片墙和推特就推出了视频功能,它们却将自己的传统产品放在了首位。推特在 2017 年关闭了自己的短视频应用 Vine。一年之后,抖音在美国一炮走红。

老牌公司之所以会错过新趋势,[18] 是因为下一个大事件往往一开始像是个玩具。这是已故商业学者克莱顿·克里斯坦森(Clayton Christensen)的主要见解之一。[19] 他提出了颠覆性创新理论,该理论认为,技术改进速度往往快于用户需求增长速度。从这个简单的洞见出发,我们可以得出关于市场和产品如何随时间变化的并非显而易见的结论，包括初创公司为何经常能够出其不意地击败老牌公司。

让我们回顾一下克里斯坦森的理论。随着企业变得成熟，它们倾向于迎合市场的高端需求，并逐步改进产品。最终，它们增加的功能会超出大多数客户的需求或需要。此时，在位的老牌公司变得目光短浅，只关注有利可图的细分市场，而忽略了大众市场。因此，它们忽视了新技术、新趋势和新想法可能的潜力。这为不断尝试的外来者创造了机会，它们可以为要求不高的更广泛的客户群体，提供更便宜、更简单、更易于获得的产品。随着新技术不断改进，新来者的市场份额不断扩大，直到最终超越在位者。

颠覆性技术问世之初，往往会被视为玩具而被忽视，因为它们没有充分满足用户需求。19世纪70年代发明的第一部电话，只能短距离通话。现在广为人知的是，西联汇款（Western Union）作为当时的电信巨头拒绝收购电话技术企业，[20] 因为该公司并不认为这种设备对于以企业和铁路公司为主的存量客户有用。西联汇款没有预料到，电话及其底层基础设施的改进速度有多快。一个世纪后，往事重现。[21] 20世纪70年代，数字设备公司和通用数据公司等微型计算机制造商忽视了个人电脑。而在随后的几十年里，戴尔和微软等桌面计算机巨头错过了智能手机。[22] 一次又一次，弹弓和石头打败了笨重的剑客，看似不起眼的技术最终颠覆了整个行业。

然而，并不是每一件看起来像玩具的产品都会成为下一个大事件。有些玩具始终只是玩具，要区分哪些是不起眼的产品，哪些是颠覆性产品，需要将产品的发展视为一个过程来评估。

颠覆性产品借助指数级的力量，以惊人的速度不断改进。渐进式改进的产品，不具备颠覆性。一点一滴的微小改进，只会产生微弱的力量。指数级增长来自具有复利效应的强大力量，包括网络效应和平台—应用反馈循环。软件的可组合性（描述代码可重复使用的特性），使开发人员可以更轻松地扩展、调整和构建现有代码，这是指数级增长的另一个来源。（更多内容请参见第七章。）

颠覆性技术的另一个关键特征是，它们与现有企业的商业模式并不一致。（我将在本书第五部分"未来展望"中详细讨论代币如何符合这一模式。）可以肯定的是，苹果公司正在研发的手机具有更好的电池和摄像头。如果一家初创公司试图基于这两点和苹果进行竞争，那将是非常愚蠢的。苹果公司知道，改进手机本身将使手机更有价值，并有助于核心业务也就是手机销量的增长。如果一个更有趣的创业想法会使手机价值下降，这就是苹果公司不太可能去做的。

当然，产品并不是非得具有颠覆性才有价值。有很多产品有价值，是因为它有实用性，而且长期有用，这就是克里斯坦森所说的持续性技术。当初创公司创建出持续性技术，它们往往就会被老牌公司收购或复制。如果一家公司的执行和时机都很正确，它就可以在持续性技术的支持下，创立一项成功的业务。

很少有人怀疑人工智能和虚拟现实等许多现代技术趋势的重要性，这些技术可以让 Meta、微软、苹果和谷歌等公司的优势充分发挥，因为它们拥有强大的算力、丰富的数据资源以及雄厚的财力来支持这些技术的研发。大型科技公司正在这些领域投入巨资。像 OpenAI 这样的后起之秀，则需要筹集数十亿美元才能与之抗衡。（据报道，OpenAI 已从微软公司融资 130 亿美元。[23]）虽然有人质疑这些技术如何与这些公司的传统盈利模式相结合，但它们很可能会扩展现有的商业模式。换言之，它们是持续性技术。

需要澄清的是，我坚信人工智能和虚拟现实具有巨大的潜力。事实上，早在 2008 年我就与人联合创办了一家人工智能初创公司，并且还是 Oculus VR（脸书于 2014 年收购了该公司）的早期投资人。我想说的是，大型科技公司也认识到了这些技术的潜力，这使得它们在严格意义上并不具有克里斯坦森所说的颠覆性。尽管人们现在随意使用"颠覆性"一词，但它其实有着精确的学术含义。从定义上来说，颠覆性技术比持续性技术更难识别。它们往往能逃过专家的法眼，而这正是关键所在。在位老牌公司往往错过颠覆性创新，这正是其颠覆性的体现。

人们可能会把这些分类混为一谈，这也情有可原。就连克里斯坦森本人也犯过错。他对 iPhone 的误判广为人知，[24] 他认为 iPhone 是一种持续性技术，只会扩大手机市场。事实上，iPhone 颠覆了一个更大的潜在市场，也就是计算机市场。这就是创新者的窘境，就连创新者也难以避免失败。

在位老牌公司再次面临被颠覆的风险。到目前为止，与它们在人工智能和虚拟现实领域的积极投入相比，很少有大公司真正重视区块链和代币。老牌公司并没有意识到它们的重要性。自比特币和以太坊问世以来，只有一家科技巨头真正涉足代币领域。2019 年，Meta 启动了一个名为 Diem（前身为 Libra）的区块链项目。但两年后，该公司出售了这些资产，并关闭了相关的数字钱包产品 Novi。[25] 在我看来，Meta 恰好也是唯一一家仍由其创始人领导的大型科技公司，这绝非巧合。想打破常规，必须有远见。

代币具有颠覆性技术的所有特征。正如网站和帖子一样，代币也是多人互动的，有点像早期互联网时代的颠覆性计算原型。随着使用代币的人越来越多，它们也变得越来越有用。这是一种经典的网络效应，预示着代币不仅仅是玩具那么简单。得益于平台—应用反馈循环带来的复合高速增长，支撑代币的区块链也得以飞速发展。代币是可编程的，因此开发者可以将其扩展和适应于诸如社交网络、金融系统、媒体资产和虚拟经济等各种应用。代币还具有可组合性，这意味着人们可以在不同的环境中对其进行重复使用和重组，从而增强其影响力。

怀疑论者曾把网站斥为"网络泡沫"，也曾讥讽社交媒体帖子是"闲聊"，他们都没有识别它的力量，他们误解并且错过了网络效应所释放的非凡力量。当围绕这些新趋势和新发明产生的网络开始复合增长时，它们也会随之勃发而起。网站是随着只读时代的协议网络而兴起的，帖子则是随着脸书和推特等读写时代的企业网络而兴起的。

在"读，写，拥有"时代，代币是在新型互联网原生网络中成长壮大的最新计算原型。

第六章　区块链网络

城市因共建而共享。[1]

——简·雅各布斯

是什么造就了一座伟大的城市？

世界上顶尖的大都市，都是由公共空间和私人空间的完美结合造就的。公园、人行道等共享空间吸引了游客，同时也改善了人们日常生活的品质。私人空间则为企业家提供了创业土壤，为城市增添了基础服务并带来多样性。只有公共空间的城市，将缺乏创业者带来的创新活力；反之，由私人企业掌控的城市，则会沦为一个没有灵魂的躯壳。

伟大的城市都是由兴趣迥异、各有所长的众多人才，共同努力建立起来的。公共与私人空间相互依存。比如，一家比萨店能吸引路过的行人入店消费，同时也为街区带来更多人流，并通过纳税为城市收入做出贡献，从而使得街区设施获得养护经费。这种关系是共生共荣的。

城市规划理念，为网络设计提供了一个有益的借鉴思路。在现有的大型网络中，万维网和电子邮件是最接近大型城市特质的。正我们所说的，这些网络上的社区不仅管理着网络，还从中获取经济利益。掌控网络效应的，是社区而不是公司。由于有可预测的规则保障他们拥有自己的建设成果，企业家在这些网络基础之上进行建设的动力十足。

互联网应该像健康的城市建设一样，平衡好公共空间和私人空间。企业网络就像是私营开发商打造的地产项目，灵活力十足且具备独特的价值。但它们的成功可能会侵占公共空间，打压其他可选项，挤压用户、创作者以及创业者的机会。

为了重塑互联网的平衡，我们需要一种可以替代协议网络和企业网络的可行方案。我将这种新型网络称为区块链网络，因为其核心技术正是区块链。比特币是第一个区块链网络。中本聪（及其团队）为了一个明确的目标——加密货币——而创建了它。然而，更为通用的结构也是可能实现的。自那以后，技术人员将区块链网络的底层设计理念及其密切相关的能实现分布式所有权的代币概念，扩展到更多种类的数字服务中。他们不仅将其应用于金融网络，还把它们扩展到社交网络、游戏世界、市场等多个领域。

在区块链技术出现之前，网络架构面临很大的局限性。在传统计算机中，一切都由计算机硬件的所有者说了算，他们可以随时随地且随意地更改软件设置。因此，在为传统计算机设计网络时，我们必须假设作为网络节点的任何软件都有可能"变节"（改变行为），以为其所有者谋取私利，而非谋求网络用户的整体利益。这一假设限制了可行网络设计的多样性。只有两种网络被历史证明是行之有效的：（1）协议网络，在这种网络架构中，薄弱网络节点的长尾效应将权力极度分散化，以至于即便部分节点"变节"都无关紧要；（2）企业网络，这种网络架构将所有权力集中于企业所有者手中，寄希望于他们不会滥用权力干坏事。

区块链网络则采取了一种截然不同的方法。回忆一下，区块链让软件占据主导地位，这颠覆了传统的软硬件之间的关系。这使得网络开发者可以充分利用软件的强大表达能力，他们可以设计出能够在软件中编码持久性规则的区块链网络，使其不受底层硬件变更的影响。这些规则可以涵盖网络的方方面面，包括访问权限、费用支付、费用收取标准、经济激励的分配方式，以及在何种情况下可以由谁来修改网络等。区块链网络设计者负责编写核心网络软件，且不用担心网络中的节点会变节并破坏整个系统。他们可以依赖内置的共识机制，来维护节点的正常运行。

区块链技术使得网络设计变得像软件一样丰富且富有表现力，并且这些设计都建立在坚实且持久的基础之上。我前面介绍过一些网络设计，它们代表了我所认为的区块链网络新兴最佳实践方案，但软件设计空间所提供的可能性，比我所讨论的更为宽广。未来可能会出现更多网络设计，有些甚至是尚未被考虑到的设计理念，它们将进一步改进和完善这里所提出的想法。事实上，我对此充满期待，因为几乎任何可以想象到的网络设计都可以用软件编程来实现。

需要说明的是，我使用"区块链网络"这一术语来泛指技术栈的基础设施层和应用层。也许你还记得，互联网就像千层蛋糕一样层层叠叠。设备间的网络连接位于最底层，而基础设施区块链网络则是在此基础上构建的。一些广受欢迎的通用基础设施网络，包括以太坊、Solana、Optimism 和 Polygon 等。在这一层之上的是应用区块链网络，包括 Aave、Compound 和 Uniswap 等 DeFi 网络，以及为社交网络、游戏和市场等提供更多支持的新型网络。

电子邮件堆栈与区块链堆栈示例

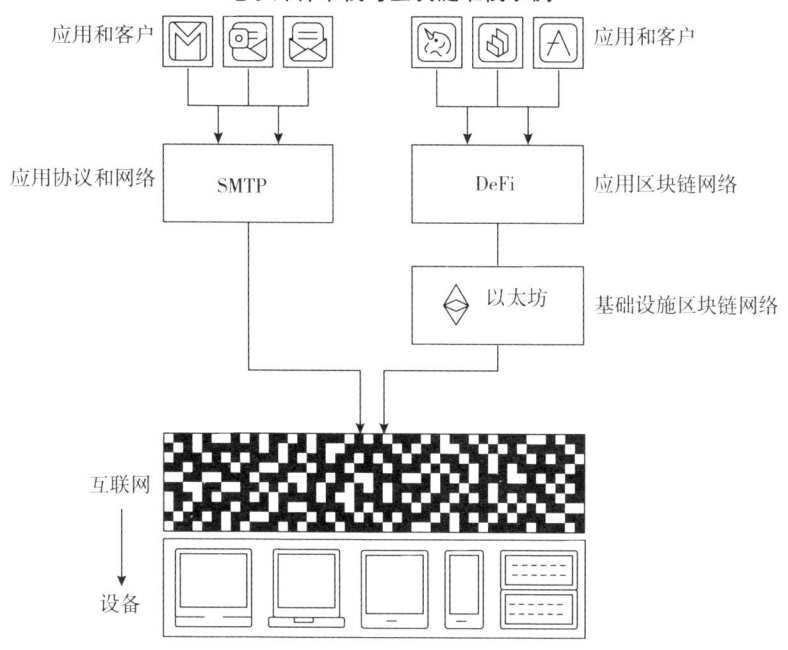

应用和客户端 — 应用协议和网络：SMTP

应用和客户端 — DeFi：应用区块链网络

以太坊：基础设施区块链网络

互联网 → 设备

（关于术语的简要说明。许多行业从业者将应用区块链网络称为"协议"。正如之前所说的，我尽量避免使用这种命名方式，因为这种命名可能会与协议网络——如电子邮件和万维网等——相混淆。在我看来，它们完全属于不同的类别。一些与区块链相关的公司或许会使用底层应用网络相关术语来为公司命名，这可能会导致误会。例如，Compound Labs 是一家开发客户端软件的公司，它与其底层应用网络 Compound 截然不同。Compound Labs 公司开发的网站和应用提供了对底层网络 Compound 的访问途径，这类似于谷歌开发的 Gmail 是用于访问电子邮件的。）

虽然区块链技术已经存在了 10 多年，但直到最近几年才开始达到互联网级别的运转规模。这得益于区块链扩展技术的改进，

第六章 区块链网络　87

这些改进降低了区块链的使用成本，并提高了交易量和交易速度。在过去，区块链的使用费对社交平台这类高频活动来说过于高昂且难以预测。试想一下，每次上传帖子或"点赞"都要花几美元，是非常不现实的。相比之下，DeFi 网络之所以能突破规模限制并获得成功，是因为它通常处理低频但高价值的交易。如果你交易的代币价值几十、几百甚至几千美元，那支付几美元的费用就是小意思了。

区块链的性能正稳步提升，这与过去推动计算机浪潮的平台—应用反馈循环路径如出一辙。新的基础设施催生新的应用程序，而新的应用程序又反过来拉动对基础设施的投资。比特币和以太坊等早期区块链，目前平均每秒处理 7~15 笔交易（TPS），而高性能区块链已经将该功效提升了好几个数量级，例如 Solana 是 65 000 TPS，Aptos 是 160 000 TPS，Sui 是 11 000~297 000 TPS。此外，以太坊还在持续推进其技术更新路线，这有可能将其交易量扩大到现在的上千倍。由于每个网络都有独特性以及基准测试都会有一些细微差别，公平而准确地评估区块链性能可能是一项挑战。然而，迄今为止的进展无疑是令人鼓舞的。

多种技术为区块链性能的提升做出了贡献。例如，以太坊贡献了"汇总"（rollups）技术：第二层区块链网络将较为繁重的计算任务转移到传统计算机上进行"链下"处理，然后将该计算结果发回到区块链以验证其正确性。这些"第二层"系统建立在理论计算机科学发展基础上，使得计算机进行验证的效率要高于执行相同计算的效率。它依赖于高阶加密技术和博弈论方法，这是技术专家花费多年心血才得以完善的。汇总技术提高了区块链的处理能力，同时又具有强大的承诺保证，这使得区块链更有用。

如今，许多原本只能使用企业网络架构来构建的应用程序，也可以使用区块链架构来构建。但这通常需要对区块链基础设施进行进一步优化，这意味着开发团队需要同时具备应用程序和基础设施两个层面的专业知识，从而也提高了开发难度和成本。

正如我们在过去的计算机周期中所看到的，当基础设施好到足以让应用程序开发者无条件信任的时候，我们可能就会迎来一个关键发展时机。此时，如果一个团队要开发一款基于区块链的电子游戏，那么他们就不应该担心深奥的基础设施扩展问题。团队唯一的关注点应该是，如何让游戏更好玩。同样，在 iPhone 问世之前，开发人员必须同时精通应用设计技能和 GPS 技术才能开发基于位置的应用。iPhone 将基础设施的复杂性问题简单化，让应用开发人员能够专注于他们最擅长的事情——打造出色的用户体验。从当前趋势来看，未来几年，劳动分工将会使区块链的应用效果倍增。

在区块链网络基础上开发应用的好处在于，它们结合并改进了早期设计网络时最令人称道的特质。与企业网络一样，区块链网络可以运行实现高级功能的核心服务，但它们运行在去中心化的区块链上，而不是在公司的私有服务器上。与协议网络一样，区块链网络也是由社区进行管理的。协议网络和区块链网络都具有可预测性，以及低费率或无费率的特点，这极大地促进了网络边缘之上的创新。

然而，区块链网络的内置经济机制使其比协议网络更加强大，即使我长期以来一直信仰并支持协议网络，也不得不承认这一点。企业网络和区块链网络的费用收入，可以作为核心服务的资金来源，这使得这些网络能够吸引资本投资，从而加速网络发展。不过，与企业网络不同的是，区块链网络定价能力较弱，这意味着它无法轻易提高费率（我将在第八章进行深入讨论）。定价权天花板的限制，有利于社区发展，并且进一步激励人们在网络之上进行建设、创造以及参与相关活动。

每种网络类型都因其独特性而呈现出不同的形态和结构。我们已经看到协议网络如何在参与者之间广泛分配权力，以及企业网络如何被企业巨头控制。区块链网络的架构与前两者截然不同。区块链网络可谓处于"黄金地带"：它由小型核心系统构成，周围环绕着由创作者、软件开发者、用户和其他参与者共同构建而成的丰富生态体系。企业网络将大部分活动集中在一个臃肿的核心系统中，协议网络则没有核心系统，而在区块链网络中，核心系统恰到好处：其大小足以支持基本服务，但又不至于大到垄断整个网络。

区块链网络在逻辑上是中心化的，但在组织架构上是去中心化的。逻辑上的中心化，意味着网络的规范状态是由集中的代码来维护的。区块链允许将规则编码到软件之中，并且拒绝被硬件或其拥有者改写。核心软件在区块链上运行，提供基本系统服务，以确保网络参与者对虚拟计算机状态达成共识。根据网络类型的不同，核心系统状态可以代表财务余额、社交媒体帖子、游戏行为以及市场交易等各种事项。拥有一个核心使得开发者能够围绕网络进行开发，同时构建一种资本积累机制（例如，通过从每笔交易中收取一小部分费用来逐步积累资金），这些资本可以再次用于推动网络发展。

企业网络在逻辑上也是中心化的，它在私有的数据中心而不是分布式虚拟计算机上运行核心代码。但是企业网络在组织架构

网络架构	优势	劣势
企业网络（如脸书、推特、贝宝）	可筹集、持有以及使用资本 中心化服务：易于升级，有高级功能	被企业控制的网络效应；高费率，规则难以预测 形成一定规模之后（榨取阶段），用户参与的积极性会减弱，创作者和开发者在此基础上进行开发和构建的积极性也会减弱
协议网络（如万维网、电子邮件）	社区治理以及由社区控制的网络效应 用户参与的积极性强，创作者和开发者在此基础上进行开发的积极性也很强 零费率	无法筹集或持有资本。难以融资以支撑核心系统升级。无法提供网络融资和经济激励机制 没有用来托管代码和数据的网络中心，从而限制了其功能扩展
区块链网络	软件核心系统可筹集、持有以及使用资本 有核心系统服务，可升级，并有高级功能 社区治理以及由社区控制的网络效应 用户参与的积极性强，创作者和开发者在此基础上进行开发的积极性也很强 费率低	新颖且仍处于较早的尝试阶段，用户可使用的界面和工具有限 性能限制了链上代码的复杂程度

上也是中心化的。这种设计有其优势，但要付出一定的代价：公司管理层控制着硬件，可以随时以任何理由改变网络规则。这不可避免地形成了吸引—榨取循环。正如在第三章所探讨的，这种模式会让网络参与者感觉这是一种"诱饵与转换"策略。

区块链网络通过将网络控制权交到社区成员手中，来避免重蹈覆辙。社区可以由各种利益相关者构成，包括代币持有者、用户、创作者和开发者等。在大多数现代化系统中，只有通过投票（通常由持有代表治理权的代币的用户进行投票），才能对区块链网络进行更改。这就向依赖网络的人保证，规则只有在符合社区利益的情况下才会改变。（我将在第十一章详细讨论区块链治理，包括其面临的挑战和机遇。）

不过，区块链网络通常不会一开始就在组织上去中心化。在萌芽阶段，它几乎总是由一个小型创始团队从上而下地进行管理。之后，一个自下而上组织起来的由建设者、创作者、用户以及其他人组成的更大的社区，将承担起维护和开发职责。这些社区没有规模限制，如今，许多区块链社区成员数量都在成百上千甚至更多。创始团队的工作是为网络设计一套核心软件和一个鼓励发展的激励体系。之后，他们通过逐步去中心化的过程将控制权移交给社区。

一个重要事项是决定哪些部分应该是中心化的，哪些部分是应该留给社区来自主发展的。目标不应该是像企业网络那样，把所有东西都塞到核心系统里去。过度中心化会产生与企业网络一样的问题。有一些中心规划是没错的，但大部分开发工作应由创业者来完成。一般来说，如果系统的某个部分可以转移到社区，那就这么做。核心部分应该只提供链上的基本服务，例如管理治理和社区激励机制。

社区控制的一个常见项目是"金库"，即区块链网络的财务核心系统。正如我们所讨论的，人们有时会将这些控制金库的社区称作 DAO。DAO 有点名不副实，它们并不像自动驾驶汽车那样是全自动的。相反，它们是基于区块链的某种程度的自治——控制它们的代码在链上运行，并在满足特定条件（如参与者通过代币投票达成共识）时自动执行。链上的代码能够以系统化的方式永久运行，并持有资金，无须依赖外部机构。DAO 有点像网络版业委会，为社区制定和执行规则，但自动化程度更高。

再次以城市作为类比。在一个设计完善的城市中，你会期望有市政厅、警察局、邮局、学校、环卫以及其他必要的基础设施。居民和企业都依赖这些服务，它们为城市其他部分的发展奠定了基础。市政服务通过中心化管理来提高效率，但它仍需对民众负责。社区通过选举来控制这些服务。

区块链功能与城市规划有着巧妙的对应关系。启动一个新的区块链网络，就像在未开发的土地上建立一座新的城市。城市设计者建造一些初期建筑，然后为居民和开发商设计一套土地出让和税收激励制度。产权（所有权）发挥着至关重要的作用，因为它提供了一个强有力的承诺：财产所有者的产权将会得到保护，可以放心大胆地对其投资。随着城市不断发展，税基也在逐步扩大。税收被重新投资到街道和公园之类的公共项目上，更多的土地被出让和开发，城市发展更加壮大。

在区块链网络中，给予代币就像土地出让，是对各种活动贡献者的激励。代币赋予所有权，体现产权。收费就像城市的税，是网络对访问和交易所收取的费用。DAO 就像市政府，负责监督基础设施的发展建设，解决纠纷，并通过分配资源来实现网络价值最大化。通过这些特性的结合，成功的区块链网络激励了自下而上的新兴经济。

协议网络

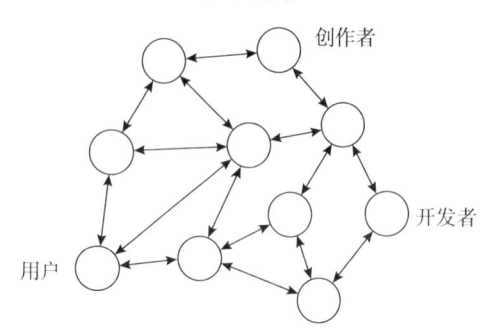

企业网络

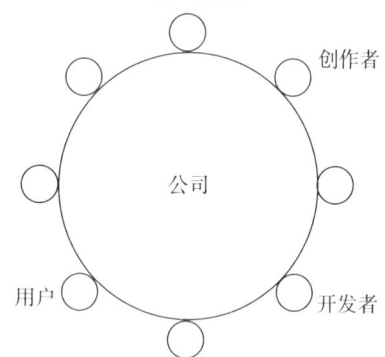

区块链网络

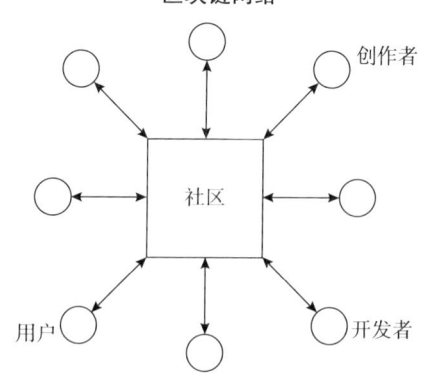

94　读，写，拥有

想象一下，你是一位想要创办一家本地企业的创业者。你首先想知道的是这座城市的规则，它们可预测吗？规则的任何改变都遵循公平的流程吗？税收合理吗？如果公司成功了，你能否获得相应的财务回报？公平性和可预测性，会让你敢于投入时间和金钱。你的成功和城市的成功是相辅相成的。你有动力帮助城市发展和繁荣，而城市也有意愿支撑你做大做强。在区块链网络中，这种相辅相成的关系是一模一样的。

有些开发者可能更熟悉自上而下的企业网络软件开发模式，对他们来说，区块链网络这种自下而上的协作开发模式可能会有些奇怪。但正是这种自下而上的开发模式构建了协议网络，并持续推动着开源软件的发展。这也是赋能维基百科等网站的协作共创精神。区块链网络采用了这个由来已久的模式，并将其应用于互联网杀手级应用——网络。

在接下来的部分中，我们将从区块链网络的开放性特征着手，深入探讨其最具吸引力的特性。我们将详细讨论软件的可组合性和低费率，这些特性让区块链网络与其他网络类型相比，更有竞争优势。我们还将剖析运行区块链网络的经济学原理，包括它为用户、开发者和创作者提供的激励机制和强有力承诺。我们将看到这些特性如何促成真正的社区———一个由众多利益相关者组成的具有包容性和扩展性的群体，他们共同指导、治理网络并分享这些网络所创造的价值。

第三部分

一个新时代

第七章　社区共创软件

> 想想禅。它不属于任一个人，但也属于每一个人。[1]
>
> ——林纳斯·托瓦兹

在20世纪70年代以前，科技行业的主要业务是销售硬件，包括芯片、数据存储设备和计算机。随后，一个聪明孩子突然冒出了一个相反的点子：[2] 软件能否成为一门好生意？甚至，能否成为比硬件更赚钱的大生意？为了验证这个想法，他放弃了去法学院读书的计划，从大学辍学并创办了微软公司。

我说的这个人，当然就是比尔·盖茨。盖茨意识到，个人电脑的操作系统可以通过网络效应积聚巨大的能量。他预见到，消费者不会仅仅痴迷于硬件，反而会对操作系统和应用软件群起响应。应用软件开发商将会为最流行的操作系统开发软件，而不是为最畅销的机器设备开发软件。这将会形成一个自我强化的平台—应用反馈循环，这会让软件拥有行业的王者地位。

当时的在位企业根本没意识到即将到来的冲击。DOS 操作系统，可谓微软公司早期的王冠明珠。微软于1980年获得 IBM 公司的一项授权，允许其继续向其他制造商销售该系统软件。[3]IBM 没有意识到自己犯了一个多么愚蠢的错误，越来越多的个人电脑制造商纷纷复制 IBM 的设计并加入战场，电脑硬件迅速沦为一般商品。在这样的背景下，微软迅速扩张，将其操作系统广泛传播并最终成为行业标准。在接下来的20年里，软件一直是科技领域最赚钱的品类。

但科技周期的另一个转折点即将到来。微软的日益强大激发了一股反制力量，一群程序员活动家通过发起开源软件运动展开了反击。正如科技出版业巨头创始人蒂姆·奥莱利（Tim O'Reilly）于1998年在其博客文章《免费软件：互联网的核心与灵魂》中所述："尽管微软公司竭力让全世界相信互联网的中心在雷德蒙德，网景公司则声称该中心在山景城，但真正的中心只存在于网络空间，存在于一个由散布在全球各地的开发者组成的社区。他们不仅共享创意，还共享实现这些创意的源代码，从而在彼此的工作成果上进一步发展。"[4]

开源运动对软件价格带来了巨大的下行压力，这一运动使得服务器端软件（数据中心运行的软件）商品化，这一转变与微软曾经引领的"从硬件到软件"大变革如出一辙。科技行业参与者通过"上移堆栈"来应对这一变化，即把重点放在服务而不是软件上。不久之后，"软件即服务"（SaaS）这一新流行语便深入人心。

时至今日，大多数科技公司都在开展服务业务。它们要么直接收取服务费，要么收取与服务相关的广告费。谷歌、Meta、苹果和亚马逊，都在开展服务业务。值得注意的是，即使是微软这家软件模式的先驱企业，现在也将自己视为一家服务公司。

在21世纪前10年的读写时代初期，人们曾认为向服务的转变会让互联网具有更大的开放性和互操作性。[5]各种连接互联网服务的API风靡一时。开发者通过重新混合、修改以及再利用这些服务，创造出所谓的混搭应用。优兔作为视频小工具，被嵌入博客和其他网站而流行起来。早期的快递和共享用车应用，与谷歌地图挂钩。博客和社交网络使用 Disqus 等评论应用，并展示来自 Flickr 等网站的第三方照片。这一切都是免费的，且无须任何人授权。

当时，人们似乎相信这种互操作性精神将永远主导互联网。在 2017 年《大西洋月刊》的一篇回顾文章中，记者亚历克西斯·马德里加尔（Alexis Madrigal）描述了 10 年前的乐观情绪：

> 2007 年，网络人大获全胜。虽然互联网泡沫已经破裂，但新的帝国正在由残留的旋转办公椅、光纤电缆以及失业的开发人员共同建造。Web 2.0 不仅仅是一个时间概念，更是一种精神象征。网络将保持开放。通过 API 接入和信息流通，无数服务得以创建，并共同提供全面的互联网体验。

然而，我们迎来了另一个转折点：iPhone 的问世。智能手机的兴起，彻底改变了行业格局。[6] 协议网络一落千丈，而企业网络则站稳了脚跟。马德里加尔接着写道：

> 随着这场世界历史性的变革开始，一场平台之间的战争也随之爆发。开放网络很快败下阵来。到 2013 年，美国人花在手机上看脸书的时间，和花在整个开放网络上的时间一样多。

归根结底，这是由于企业凶残的榨取逻辑。正如我所提过的，企业网络设计中固有的矛盾关系，不可避免地会引发吸引—榨取循环。该循环遵循技术应用的 S 形曲线，到了某一特定节点，网络所有者与网络参与者的利益就会发生冲突。21 世纪 10 年代初，手机催化了一场平台变革，加速了企业网络的崛起。随着企业网络的大规模扩张，其最优商业策略也从吸引转向榨取。当太多的企业一并转向榨取模式时，权力迅速集中。API 逐步凋零，互操作性消失，开放的互联网被挤压成一座座孤岛。

改装、混搭和开源

互操作性在某些互联网服务类别中依然存在，尤其在电子游戏领域更是蓬勃发展，用户可以创造"模组"（mod）——游戏混搭或 DIY 组件，包括改编的艺术风格、修改的游戏玩法、随机化的游戏元素、生成新武器或工具之类的附加组件，以及其他自定义组件。

自 20 世纪 80 年代 PC 游戏兴起以来，改装游戏就一直存在。当时，游戏玩家大多是喜欢摆弄软件的程序员——换言之，就是黑客。游戏工作室深知玩家的需求，因此接受了游戏改装。热门第一人称射击游戏《毁灭战士》（*Doom*）的制作商 id Software，也许是最著名的例子。[7]1994 年，一位《毁灭战士》玩家竟然在游戏中重现了 1986 年科幻电影《异形》的部分场景，包括异形格斗外骨骼套装等。1996 年，制作商甚至在《毁灭战士》的续作《雷神之锤》中内置了编程语言，这能让玩家更方便地进行改装。

如今，改装已成为 PC 游戏的主流，因为 PC 平台比游戏主机平台和手机平台更加开放。流行的 PC 游戏商城 Steam 有数以亿计由用户生成的模组和组件。[8] 许多热门游戏最初可能是其他游戏的模组，[9] 包括《英雄联盟》［改编自《魔兽争霸Ⅲ》中一款名为《守护遗迹保卫战》（Dota）的模组］和《反恐精英》（改编自第一人称射击游戏《半条命》的一款模组）。热门游戏《罗布乐思》（*Roblox*）中的大部分内容，都是由用户创建和重新混搭现有游戏内容生成的，创作和再创作是该游戏的一大魅力所在。

许多电子游戏都是改装的乐园，但开源软件才是改装活动最成功的领域。贡献者通常是志愿者，通常是兼职。他们组织松散，分散于世界各地，依赖远程协作和知识共享。任何人都可以在自己的软件中免费使用开源代码，限制极少。

开源始于一个激进的想法，[10] 是 20 世纪 80 年代边缘政治运动的一个分支。[11] 支持者基于意识形态原因反对代码的版权保护，他们认为任何人都可以按照自己的想法改造软件。到了 20 世纪 90 年代，这个活动变成了一场更加务实的技术运动，但仍停留在软件产业的边缘地带。直到 21 世纪前 10 年，伴随着现在颇为流行的开源操作系统 Linux 的兴起，开源才真正成为主流。

考虑到开源软件的低微起源，你可能会惊讶地发现，如今世界上运行的大多数软件都是开源的。当你的手机连接到互联网时，它会与数据中心的计算机进行交互，而这些计算机大多运行着 Linux 等开源软件。安卓手机运行的大多也是开源软件，包括 Linux。如自动驾驶汽车、无人机和 VR 头盔等大多数下一代设备，运行的都是 Linux 及其他开源代码。（iPhone 和 Mac 则混合运行开源软件和苹果公司的专有软件。）

开源是如何风靡全球的？这场运动如此成功的主要原因之一是软件的一大特点，即可组合性。

第七章　社区共创软件　　103

可组合性：软件就像乐高积木一样可随意拼搭

可组合性指的是一种软件特性，它允许将多个较小的部件组装成较大的组合体。可组合性不仅依赖于互操作性，而且正如在第五章的"单人模式技术和多人模式技术"部分所提到的，通过使用乐高积木的方式搭建组合系统，它还进一步延伸了互操作性。组合软件就像音乐创作或者写作一样，其中的宏大作品如交响乐或小说等，都是由音符串或词语等较小的元素精心编排而成的。

可组合性是软件的核心，因此大多数计算机都默认所有代码是可组合的。在准备运行代码时，计算机通过两个步骤来实现这一默认假设。首先，一个名为"编译器"的程序，会将由人类可读语言编写而成的软件源代码转换为低级的机器可读语言。然后，一个名为"链接器"的程序，会将软件引用的所有其他可组合的代码片段整合到一起。链接器将所有代码片段链接，或合成为一个更大的可执行文件。因此，软件是一门组合的艺术。

可组合性释放了人类的最大潜力。在 GitHub（一个面向开源开发者的在线代码库）上，几乎每个项目都包含了对其他托管于此的开源项目的引用。对大多数项目来说，它们的大部分代码其实都是其他代码的新组合。这些代码库共同构成了一个由数百万人的，数亿个相互关联的想法组成的庞大网络。尽管这数百万人中的大多数人从未谋面，却协同工作，共同推动全球知识库的发展。（如果你还需要更多证据来证明开源已成为主流，[12] 那么我会告诉你 GitHub 现在的所有者正是开源运动曾经的最大对手——微软，虽然这听上去有些讽刺。）

可组合性的强大之处在于，一段软件代码一旦编写完成，就无须再次编写。只要浏览一下 GitHub，你几乎能够找到所有想做事情的免费开源代码。从数学公式到网站开发再到电子游戏图形，几乎应有尽有。这些代码可以被复制并作为其他软件的一个组件以重复使用，然后这些被组合的新软件也可以继续被复制和重用，形成一个无限循环。当这种情况在公司内部发生时，就会显著提升公司的生产力。当它发生在开源软件库中时，则会加快全球各地的软件开发速度。

据说，阿尔伯特·爱因斯坦曾将复利称为世界的第八大奇迹。[13] 不管爱因斯坦是否真的这么说过（可能他真没说过[14]），但这一睿智的想法是正确的。本金产生利息，利息又使本金增长以产生更多的利息，如此循环往复，会产生越来越多的回报。复合增长的显著效果，不仅限于金融领域。世界上许多呈指数级增长的事物，都源自其底层的复合增长过程。正如在第四章的"为什么计算机很特别：平台—应用反馈循环"部分所讨论的，计算硬件的指数级性能提升，就可以用摩尔定律来描述。可组合性，则带来了软件行业的复利效应。

可组合性之所以如此强大，是因为它结合了多种力量，而每种力量本身都很强大：

- **可封装**。一个人创建了一个组件，另一个人就可以在不了解其内部具体创建细节的情况下使用它。这使得软件代码库可以快速增长，而复杂性和出错的可能性只会相对缓慢增加。
- **可重复使用**。每个组件只需创建一次。游戏元素或开源软件组件一经创建，无须经过许可，就可反复重用，它将永远成为一个构件。当这种情况发生在开放的互联网上的永久仓库中时，全球性的集成软件开发，就能由于全球智慧网络的卓越贡献而不断蓬勃发展。
- **集体智慧**。正如比尔·乔伊所言："无论你是谁，大多数最聪明的人总是在为别人工作。"重复使用软件，意味着你可以利用所有身在别处之人的智慧。世界上有数以千万计的聪明的开发者，他们是不同领域的专家，可组合性可以让你尽情享用这些专业技能。

软件的可组合性功能强大，但其潜力尚未得以充分发挥。主要局限在于，与实时运行代码的服务相比，存储库中的代码是静态的，原因是计算需要花费成本。支撑开源软件的贡献者模式——依赖于慈善捐款和临时志愿者——对开源服务来说效果并不理想。开发者可以花时间编写软件，但他们需要资金来托管和运行这些软件。目前缺少的是一种能够持续提供资金，以覆盖带宽、服务器、能源和其他成本的商业模式。

当企业网络停止互操作时，软件服务的可组合性也就陷入停滞。你仍然可以找到优兔、脸书和推特等大型科技企业网络的 API，但该 API 有着严格的规则和有限的功能。API 提供者决定了以何种方式向谁发送哪些信息。在从吸引向榨取模式的转换过程中，企业网络加强了控制，使第三方开发者陷入困境。外部开发者被迫学会了不依赖这些企业网络。

值得注意的是，在公对公（B2B）的企业软件领域，仍然存在广受欢迎的 API。成功的 API 提供商，包括支付领域的 Stripe 和通信领域的 Twilio 等。这些 API 将复杂的代码隐藏在简单的接口之后，因此它们提供了可组合性的一个好处——可封装，但它们不能提供另外两大好处。这些 API 的代码大多是闭源的，这意味着它们既不能从开源协作的智慧中获益，也无法为世界各地程序员的全球知识库的建设做出更多贡献。使用这些 API 需要获得许可，因此这些 API 提供商可以随意更改费用和规则。在企业网络环境中，授权 API 很有用，但这并不能推动由开放性和可混搭服务构建的互联网愿景的发展。

在理想情况下，任何在其他服务和 API 上进行构建的人，都会获得强有力的承诺——这些服务不仅是开放的，而且将永久开放，因此大家可以全身心信赖它们。除非这些服务在经济上能保持独立，否则无法保证其开放性永远存在。

在企业网络失灵的地方，区块链提供了一个解决方案。区块链网络做出了强有力的承诺——它们提供的服务将永久保持可组合性，并且无须任何人的许可。它们能通过两种方式兑现承诺，首先，它们通过强有力的软件编码，保证费用和访问规则保持不变。一旦区块链网络背后的初始开发团队上线了代码，其所推出的服务要么是完全自动执行的，要么是蕴藏在某些网络设计中。该设计只能通过社区投票来修改，这种平台是值得信赖的。

其次，区块链网络通过使用代币的可持续金融模式，来支付托管费用。以太坊在全球各地有着数以万计的验证者及网络托管服务器。网络本身通过向验证者发放代币奖励，来支付自己的托管费用，包括为服务器、带宽和能源等付费。只要对以太坊网络有需求，用户和应用程序就愿意为此交易付费，验证者便能从他们提供的托管服务中获得报酬。因此，构建以太坊的基础不仅坚实稳定，而且拥有丰富的可再生资源。

大教堂与集市

可组合性是久经考验的一种力量，它一次又一次地展现了强大之处。开源软件的成功，便是最著名的例子。然而，因为企业网络一直在阻挠其发展，由可组合服务构建开放互联网的愿景并未完全实现。随着企业网络不断发展壮大，它逐渐从开放转向封闭。如果仅仅因为一家公司的口号是"不作恶"，就指望它真的不作恶，那未免太天真了。公司通常会不择手段地追求利润最大化，如果它不这样做，很快就会落后于其他竞争对手，甚至"关门大吉"。

区块链网络将"不作恶"的理念提升到"不能作恶"的高度，它的架构有力地保证了数据和代码将永远保持开放性和可组合性。

企业网络的单体式设计和区块链网络的可组合设计之争，非常类似于 20 世纪 90 年代关于操作系统的设计之争。程序员和开源软件倡导者埃里克·雷蒙德（Eric Raymond），于 1999 年发表了著名的文章《大教堂与集市》，将两种软件开发模式进行了对比。[15] 第一种模式是像微软这样的闭源公司所推崇的，软件"就像建造大教堂一样，是由一个个巫师或一小群法师，在与世隔绝的环境中精心打造的"。第二种模式是由 Linux 等开源项目所推崇的，社区"就像一个嘈杂的大集市，汇集了不同的议程和想法"，其指导思想是"尽早发布、经常发布，授权一切可以授权的，开放到近乎随意"。

相较于大教堂的封闭，雷蒙德更喜欢集市的混乱。在开源社区，"几乎每个问题都会被关注"，大家可以齐心协力并战胜集中式竞争对手：

> Linux 世界在许多方面都表现得像一个自由市场或一种生态系统。一群自私的个体试图将效用最大化，在此过程中形成了一种自我修正的自发秩序，这种秩序比任何形式的中央规划都要精巧且高效。

自从 80 年前计算机编程诞生以来，钟摆一直在这两种软件开发模式之间来回摆动。企业网络是今天的大教堂，而区块链网络则是集市。区块链网络将软件的重复使用性和可组合性的潜力，以一种全新方式呈现出来，使之可以与企业网络相媲美。未来的网络可以像伟大的城市一样，由数以百万个拥有不同技能和兴趣的人们共同创造、共同建设。这些人共享资源，齐心协力，一砖一瓦地构建，并朝着共同的目标前进。

第八章 费率

你的利润就是我的机会。[1]

——杰夫·贝佐斯

如果你是20世纪90年代中期一家老牌企业的高管，在听到某个炙手可热的网络公司创始人发出上述威胁时，你可能会嘲笑他的狂妄。但不久之后，你会后悔这样做。

亚马逊公司创始人杰夫·贝佐斯，毫不掩饰地表述了他抢占市场份额的策略：尽量减少成本，降低价格，蚕食竞争对手的利润；精益求精，锱铢必较；毫不留情。

当时，与亚马逊竞争的实体零售商受其成本结构的限制，无法抵御亚马逊发起的价格战。房租、水电费和店员工资等开支，限制了实体店的定价模式。由于无须维系线下实体店，亚马逊可以保持低价。亚马逊充分利用这一优势，以低价打压许多竞争对手，并最终将它们逐出市场。

亚马逊的低成本结构，使其能够采用一种通缩式商业模式，即在持续保持或提升服务价值的同时，逐步降低消费者的花费。从商业互联网诞生之日起，这种商业策略就备受欢迎。这解释了Craigslist如何兼并报纸分类广告业务，[2] 谷歌和脸书如何主导以广告收入为主要经济来源的媒体市场，[3] 以及Tripadvisor和爱彼迎如何颠覆旅游业。[4] 在每个案例中，颠覆者都通过削减成本，终结了采用旧时代成本结构的在位企业。

区块链是这一策略的天然继承者。正如互联网初创企业颠覆传统行业的高价模式一样，区块链网络也找到了企业网络的软肋——高昂的费率。

网络效应推高了费率

网络通过对商业或广告等线上活动收费来赚钱。网络所有者从网络获得的收入中拿走一定的比例，将剩余的分给网络参与者，这个比例就是所谓的网络费率（或抽成）。如果一个系统没有其他制约因素，强大的网络效应通常意味着高费率，因为这些网络参与者被锁定了，他们几乎没有其他选择。

在互联网时代之前，规模是定价的主要影响因素。而在互联网时代，网络效应则是定价权的主要驱动力。如今，最大的社交媒体公司之所以收取非常高的费率，正是因为它们成功锁定了用户。

在大型社交平台中，优兔对创作者最为慷慨，它自己保留45%的收入，而将55%的收入分配给创作者。在成立初期，优兔面临着来自其他新兴视频平台的激烈竞争，这些平台提出与创作者分享一半的广告收入。感受到威胁之后，优兔于2007年年底制订了延续至今的收入分成"合作伙伴计划"。[5]

不过，这种慷慨的做法并不常见。脸书、照片墙、抖音和推特等社交媒体平台，从其主要收入来源——广告收入中拿走了约99%。尽管这些平台最近推出了一些基于现金的计划来奖励创作者，[6] 但这些计划大多采取有时间限制的"创作者基金"或固定奖金池的形式,[7] 而非优兔的收入分成模式。创作者得到的只是这些平台收入的零头,通常还不到1%,而且平台也没有义务长期支持这些基金。更糟的是,固定奖金池模式会使平台与创作者之间的关系变成"零和博弈",因为这会迫使创作者去争夺有限的资源。[8] 正如长期活跃在优兔上的创作者汉克·格林(Hank Green)所指出的:"抖音越成功,创作者从每次观看中获得的收入就越少。"

即便考虑到这些创作者基金的存在,最大的社交网络平台也几乎从不与网络参与者分享利润。这对平台来说很好,但对创作者来说则不然。他们提供了内容,却没有得到应得的报酬。另一方面,这些平台竭尽全力收集用户个人隐私数据而非直接赚取金钱,从而通过更精准的广告定位来获得更多收入。网络效应再加上锁定客户的能力,进一步强化了定价权。

苹果公司的定价能力非同一般,[9] 这归功于庞大的 iPhone 用户群和 iOS 开发者生态系统所产生的网络效应。苹果通过严格的支付规则来行使这一权力,[10] 而受制于这些规则的公司对此深恶痛绝。你有没有试过通过 iOS 应用来订阅声田,[11] 或购买亚马逊 Kindle 电子书?[12] 答案是你做不到。这些企业不想支付苹果高达 30% 的抽成。应用开发者常用的变通方法是,只接受移动网页浏览器中的支付,而不是应用中的。(万维网和电子邮件是手机上最后的免费避风港。)从技术层面而言,苹果有能力禁止这种变通方式——要求所有交易都必须通过苹果商店进行,但苹果还不敢如此强制。毫无疑问,如此做会引起强烈反对,很可能会带来法律和监管方面的麻烦。

有些公司宁愿与苹果抗争到底,也不愿将如此多的收入拱手相让。[13] 事实上,一些应用开发者对苹果公司的费率标准已经忍无可忍，他们联合起来起诉了苹果公司的垄断行为。[14] 但是，除非法院和监管机构另有裁决（且不考虑其他意想不到的商业打击报复），否则苹果可以并将继续收取高昂的费用。之所以有这样的能力，是因为苹果拥有一个被牢牢锁定的用户网络。

如果说垄断会加剧费率的提升，那么竞争则会抑制这种情况。由于存在多种可替换的支付选项，支付网络的费用仍然较低。多个支付网络均提供类似的服务，包括维萨、万事达卡和贝宝。丰富的选择弱化了企业的定价能力，这有利于保护消费者的利益。信用卡公司对每笔交易收取 2%～3% 的较低的手续费，其中的大部分还会以积分和其他奖励的形式返还给消费者。（当然，还是会有人认为这些费率仍然太高了，我将在第十四章的"将金融基础设施打造为公共产品"部分继续探讨这一话题。）

实体商品市场的费率通常是中等水平，高于支付网络，但远低于社交网络。例如，易贝（主要销售二手商品）[15]、Etsy（销售手工艺品）[16] 和 StockX（销售运动鞋）[17] 等平台的费率，通常在 6%～13%。用户可以自由选择在某个平台出售商品，也可以同时在多个网站上架。这些平台的费率较低，一方面是因为卖家从这些商品中赚取的利润并不高，另一方面是因为网络效应较弱。买家主要通过搜索而非平台推送来找到商品，这使得卖家转换平台的成本较低。因为卖家实实在在地拥有自己想要销售的实物商品，所以他们可以把自己的商品在任何喜欢的平台上架。当这些有价值的东西都被掌握在网络参与者自己手中时，平台转换成本就会降低，从而使费率下降。

在协议网络中，没有中间公司从收入中抽成，也就没有费率一说。你拥有自己的域名，你可以自由地选择将其托管在任何你

第八章 费率 113

想要的服务器上。当然，有一些接入点（如电子邮件和万维网托管服务提供商）可能会对某些服务收取费用。但是，由于协议网络不像企业网络那样有一个中心实体产生的网络效应，服务提供商几乎没有定价权，因此只能根据存储和网络成本而不是收入的百分比来收费。即便存在这些费用，协议网络的实际费率（网络参与者为使用网络支付的最终实际费用）依然很低。

实际费率可能并不那么直白，就像结账时突然出现的隐藏费用。企业网络的实际费率往往超过其表面费率。这些平台通过算法限制社交推送和搜索结果可触达的受众，从而提高费率。一旦创作者、开发者和卖家等达到一定规模，企业网络就会迫使他们购买广告以维持或增加受众。

你可能会注意到，在谷歌或亚马逊上进行搜索时，会出现越来越多的广告植入结果（注意查看"广告"标签）。[18] 大公司利用这种技术提高网络供应方的实际费率。对谷歌而言，供应方是网站。对亚马逊而言，供应方是卖家。在谷歌上，网站无须为自然搜索结果链接付费，但必须竞价才能获得广告链接位。在亚马逊上，卖家需要支付一定费用，但如果他们想获得广告位，则需要支付额外费用。谷歌和亚马逊深知用户倾向于点击搜索结果中排名靠前的链接，因此，当它们把自然搜索结果往下挪，实际上就是在迫使网站和卖家为同样的曝光率支付更多费用。更糟糕的是，这些公司还要利用宝贵的屏幕空间来推广自己的产品，而且这些产品与其供应商的产品存在竞争关系。

在早期的吸引用户阶段，谷歌、亚马逊和其他大公司都是颠覆者。如今它们步入榨取阶段，专注于从自己的网络中榨取尽可能多的收益。企业网络所有者不仅几乎吸走了网络的全部收入，还想方设法在此基础上榨取更多收益。网络参与者则因此陷入困境。他们花费多年时间培养粉丝，但随着规则的改变，他们不得不支付更多费用，[19] 才能接触到自己建立起来的受众群体。

大型科技公司的高费率对网络参与者不利，但对自己的利润率很有利。Meta 的毛利率超过 70%，[20] 这意味着每销售一美元，它就能保留超过 70 美分（其余部分用于支付与创收直接相关的成本，如运营数据中心等）。拥有网络的大型科技公司将这笔"意外之财"的一部分，用于如员工工资和软件开发等固定支出，其余部分则作为利润变现。在这些公司内部，成千上万名员工从事管理和销售工作，还有一些员工负责新的研发项目。但同时，公司内部更有层层叠叠的中层管理者和浪费严重的官僚机构。

当管理者得到丰厚的利润时，创业者付出的是鲜血。贝佐斯其实是在表示，你的费率就是我的机会。

你的费率就是我的机会

对那些寻租的中间商而言，区块链网络就是"搅局者"——它可以用降价的手段，从利欲熏心的大公司手中抢夺市场份额。网络锁定消费者的能力越强，其定价权就越大，收取的费率就越高。网络在位者的费率越高，被颠覆的机会就越大。

主流区块链网络的费率都非常低，从 1% 到 2.5% 不等。这意味着其中经网络的大部分资金都流向了网络参与者，比如用户、开发者和创作者等。将主流企业网络的费率与以太坊、Uniswap（知名区块链网络）以及 OpenSea（建立在区块链网络之上的市场）进行比较，结果一目了然：[21]

第八章 费率

企业网络	费率	区块链网络/应用	费率
脸书	约100%	OpenSea	2.50%
优兔	45%	Uniswap*	0.30%
iOS应用商店	15%~30%	以太坊**	0.06%

*最受欢迎的费率档次。

**计算方式为用户支付的总费用除以2022年以太币和顶级ERC20代币的总转移价值。

资料来源：Coin Metrics.

区块链网络费率之所以如此低，是因为其核心设计原则设定了严格的约束条件，这些原则包括：

- **代码强制执行的承诺**。区块链网络在发布时对费率做了预先明确的承诺，除非社区同意，否则这些费率不可更改。这迫使网络通过承诺较低的费率，来争夺网络参与者。在竞争激烈的市场中，费率将趋于接近网络维护和开发的成本。
- **社区控制**。在精心设计的区块链网络中，只有经过社区投票同意才能提高费率。这与企业网络形成鲜明对比：企业网络所有者可以忽视甚至损害社区利益，单方面提高费率。
- **开源代码**。由于所有区块链代码都是开源的，因此很容易"分叉"或创建副本。如果某个区块链网络的费率太高，其竞争对手就可以创建一个费率更低的分叉版本。分叉的威胁有助于控制费率不能太高。
- **用户拥有他们所在乎的东西**。设计良好的区块链网络可以和标准系统进行互操作，确保用户拥有他们所在乎的东西。

例如，许多区块链网络都能够和以太坊区块链上主流的命名系统"以太坊名称服务"（ENS）进行互操作。这意味着我可以在许多不同的网络中使用我的 ENS 名称（cdixon.eth）；一旦现有网络改变规则或提升费率，我可以轻而易举地切换到新的网络去，而不会丢失我的名称和网络连接。较低的切换成本削弱了网络的定价权，从而降低了费率。

有人认为区块链网络的低费率可能是暂时的，[22] 怀疑论者声称，随着区块链网络的普及，新的中间商将会出现并提高费率。备受尊敬的安全研究员、聊天软件 Signal 创始人莫克西·马林斯派克（Moxie Marlinspike），曾发表过一篇广为流传的博客文章。该文章提到，即便是微小的交互体验瑕疵也会让用户感到不爽，他们会离开区块链网络，然后聚集在易用的前端应用周围。如果这些应用程序仍然由公司运营，那么我们最终还是会遇到和今天一样的问题——少数几家拥有强大定价权的公司掌控一切。

这个批评很有见地，有时也被称为再中心化风险。与第二章的"RSS 的衰落"部分讨论的情况类似，推特和其他企业网络通过提供更流畅的用户体验，从协议网络中吸引了大量用户。这也是设计不当的区块链网络所面临的风险。

即使用户聚集在几个流行的客户端周围，只要用户拥有切换前端客户端的可信威胁力，那么区块链网络就能避免上述命运。为了确保这一点，网络在设计时需要考虑下列因素：

- 提供与现代企业网络相媲美的优质用户体验。这就是为什

第八章 费率　　117

么区块链网络需要一套机制来获得资金，从而能够像企业网络一样投资于持续的软件开发和对用户进行补贴（例如免费托管和名称注册）。协议网络从来没有所需资金的筹资机制，这是 RSS 失败的关键原因之一。（有关区块链网络筹资机制的更多内容，请参见第九章。）

- **将网络效应累积到社区控制的区块链上，而不是公司控制的前端应用程序上。**这意味着用户在乎的名称、社交关系和数字商品都必须基于区块链，并且被用户拥有。如果用户可以轻易地从一个应用程序切换到另一个，那么应用程序就无法获得定价权。当用户拥有自己在乎的东西时，他们就不大可能被某个平台锁定。

马林斯派克以 NFT 市场中的 OpenSea 为例指出，公司拥有的应用程序可能会剥夺区块链网络的控制权。但幸运的是，与 OpenSea 可互操作的区块链网络设计得相当出色。当你在 OpenSea 注册时，你使用的名称与以太坊等区块链绑定，并归你自己所有。你拥有的 NFT 都存储在区块链上，而不是公司服务器上。这使得你可以轻松转换到另一个市场，同时带走所有你在乎的东西。

马林斯派克是在 2022 年年初写的这篇文章。自那以后，像 Blur 这样的新兴平台利用 NFT 较低的切换成本，[23] 成功从 OpenSea 手中夺取了不少市场份额。作为回应，OpenSea 调降了费率，这表明基于区块链的所有权模式在实践中确实能把价格打下来。相比之下，企业网络平台之间几乎从未出现过价格战。

区块链网络的低费率，让开发者和创作者有很强的动力在其基础上进行构建。例如，第三方初创企业可以放心地在 DeFi 网络上添加新功能和新应用，而不必担心事后后悔。这些初创企业知道，它们可以投资并发展自己的业务，而不必担心 DeFi 网络会改变规则、破坏业务，并在日后榨取它们的利润。相比之下，几乎没有软件开发商愿意依赖 Square 或贝宝这样的企业金融网络。它们可能会将这些服务作为多种支付方式之一，但深知最好不要依赖它们。

在设计区块链网络时，需要考虑既要让费率高到足以为基本网络服务提供资金，又要低到让企业竞争对手无法与之抗衡。区块链网络提供了一种全新的模式，其中更多的经济利益流向了网络参与者，而更少的经济利益流向了利润底线和官僚机构。

挤压气球效应

要理解科技行业，就必须明白一个关键现象：当"技术栈"中的一层被一般商品化后，另一层就会变得更有利可图。技术栈是指一系列协同工作的技术组合，它们可以共同创造收入。我们可以将计算机、操作系统和软件应用程序等的组合，视为一个逐层叠加的技术栈。

当某个层级被商品化时，就意味着它的定价权被削弱。在现实世界中，这通常意味着激烈的市场竞争以及产品同质化严重，以至于利润趋向于零。小麦或玉米等一般商品所面临的就是这种情况。在技术栈中，某一层被商品化常见于其产品和服务：（1）被免费赠送，如 iPhone 上的计算器应用；（2）被开源，如 Linux 操作系统；（3）由社区控制，如 SMTP。

在第五章讨论颠覆性创新时，我们提到过克莱顿·克里斯坦森，他的"利润守恒定律"则概括了挤压气球效应。[24] 该定律认为，技术栈中某一层被商品化就像在挤压气球一样：空气总量不变，但会从一个地方跑到另一个地方。技术栈中的利润也是如此（至少大体如此，毕竟商业不像物理学那么具有确定性），整体利润保持不变，但会从一层转移到另一层。

让我们来看一个具体的例子。谷歌搜索通过用户点击搜索广告来赚钱，在广告商付费和用户点击之间，有一整套技术栈都在介入：手机或个人电脑等设备、操作系统、网络浏览器、电信运营商、搜索引擎和广告网络等。所有这些技术层级都在竞争，要在堆栈产生的每一美元中分一杯羹。整个市场可能会增长，也可能会萎缩，但任何时候各层之间都是零和博弈。

谷歌在搜索领域的策略是，对于技术栈中的各层，要么拥有，要么使其一般商品化，从而最大限度地增加自己的收入。否则，竞争对手就会控制其中一层并夺走利润。这就是谷歌在从设备（如 Pixel）、操作系统（如安卓，大部分是开源的）、浏览器（如 Chrome 以及开源的 Chromium 项目）到电信运营商服务（如 Google Fi）等技术栈的每一层，都积极布局的原因之一。像谷歌这样的公司为开源项目做出贡献或发布竞争平台产品低价版本，并非出于慈善目的，而是出于对自身利益的考虑。

今天，这种竞争态势在手机行业表现得淋漓尽致。苹果公司控制着 iPhone 操作系统及其默认的浏览器 Safari，据报道它每年可以向谷歌收取高达 120 亿美元的费用，[25] 以授权谷歌继续作为 iPhone 默认搜索引擎，而谷歌也将此视为经营成本而不得不接受。苹果公司正是利用 iPhone 的普及，来挤压谷歌搜索的气球。[26] 如果谷歌没有远见卓识地开发出安卓系统并占据移动市场的一大块份额，那么它支付给苹果公司的费用还要高得多。谷歌甚至不需要从安卓系统上赚钱，只需要确保移动市场的一部分被商品化，从而不被像苹果这样的竞争对手所控制，因为苹果可能会限制用户使用谷歌的搜索产品。因此，操作系统之间的竞争，也间接影响搜索利润的分配结果。

通过将安卓系统开源并将其免费捆绑于许多硬件制造商的手机，谷歌实践了一种经典的科技竞争战略——"将互补品商品化"。[27] 借鉴卡尔·夏皮罗（Carl Shapiro）和谷歌的哈尔·瓦里安（Hal Varian）等经济学家的研究成果，Stack Overflow 和 Trello 的联合创始人周思博（Joel Spolsky）于 2002 年提出了这一术语。[28] 谷歌通过将移动操作系统市场的一大块商品化，从而确保其真正赚钱工具即搜索引擎，在新的计算平台畅通无阻，发展壮大。在整个行业从个人电脑转向移动设备的过程中，此举降低了谷歌的平台风险，提升了其议价能力，并剔除了对其搜索利润的潜在威胁。

英特尔也采取了类似的策略，它成为开源操作系统 Linux 最大的代码贡献者。操作系统是英特尔处理器的互补品，当有人购买一台装有 Windows 的机器时，微软就要从利润中分一杯羹，而这些本应归英特尔所有。而当有人购买一台装有 Linux 的机器时，英特尔就会获得其中的大部分收入。英特尔支持 Linux，是为了使操作系统商品化——英特尔靠处理器赚钱，而操作系统则是其互补品。

将克里斯坦森的理论应用于社交网络领域，我们可以将资金从用户到创作者、软件开发者和其他网络参与者的路径，视为一个技术栈。高议价能力的企业网络，会在两端挤压气球。它们代表企业网络所有者，在网络中心攫取价值，却牺牲了在网络之上的创作者和软件开发者等互补品层级的利益。伴随网络效应而来的锁定效应，迫使创作者免费打工，也迫使开发者唯命是从。

对于靠广告收入活下去的媒体平台，广告商是客户和金主，而用户则是被压榨的互补品。人们放弃了自己的注意力和个人数据，来换取网络的访问权。相较而言，协议网络和区块链网络的费率较低，因此允许更多的价值流向用户、创作者、开发者和其他网络参与者。协议网络和区块链网络从中间环节挤压气球，使网络边缘的参与者因而受益。

从这个意义来说，我们可以把企业网络看作厚网络，而把协议网络和区块链网络看作薄网络。厚网络为网络中心攫取更多利润，将互补品层打薄，削减创作者和软件开发者的利润。薄网络则刚好相反，它们为网络中心创造较少的利润，而为互补品层创造更多的利润。

假如你正从头开始设计一个社交网络栈，你的目标可能包括一些公平理念，比如人们应该根据所创造的价值获得相应的收入；你也可能会考虑一些社会目标，比如更均衡地分配财富。暂且抛开其他方面的考虑，如果你只想要一个鼓励创新和激发创造力的网络，那么这意味着你希望社交网络是薄网络，而这与现今的状况正好相反。

我们可以从城市基础设施的角度来思考这个问题，这是一个我会反复提及的类比。道路应该发挥基本功能，但不必成为创新的源泉。道路不需要那么多创意，只需要能通车即可。但是，你确实需要很多有创造力的企业家在道路周围进行建设：创建新的商店和餐馆、建造新的建筑、扩大社区规模等。道路应该是薄的，而其周边设施应该是厚的。

社交网络平台应该像道路一样，是薄的公共基础设施。它们需要提供基本功能，并具有可靠性、高性能和可交互操作性。这就足够了。其余功能可以围绕着网络进行开发，在此基础之上的层级应该具有创新性、多样性，并且是厚的。与社交网络相辅相成的媒体中介和软件，应有不受限制的创新空间。（我将在本书第五部分未来展望中详细讨论此类内容。）

万维网是作为一个薄网络发展起来的，其成果有目共睹。网络本身只是一个简单的协议 HTTP，而所有的创新都发生在其上层——网站层面。这种结构推动互联网在 30 年间实现了爆炸式创新。

当下企业社交网络的设计方式却背道而驰，它是一个厚网络。几乎全部收益都流向了网络本身——脸书、抖音、推特以及其他企业网络。即使有创新，也仅限于初创企业试图建立竞争性的社交网络，而不是在这些网络基础之上开展新业务。换言之，初创企业必须重新铺设自己的道路才能在其上建造新城，而不是简单地在已有公共道路上进行建设。社交网络挤压气球的方式，扼杀了创新。

现代金融网络亦如此。支付本应该像发送电子邮件一样简单，成为一种便捷且廉价的基本服务。我们拥有实现这一目标的技术实力，我将在第十四章的"将金融基础设施打造为公共产品"部分详细讨论这方面的内容。这将使支付成为金融和商业技术栈中的薄层。现实却截然相反：有一些支付公司利润丰厚，而且该领域的创业项目仍然相当活跃，因为该行业稳定的高费率吸引了初创企业和风险投资。和前面一样，气球被挤压在错误的地方。

区块链网络就像一根橡皮筋，它重塑了气球，使其厚重的部分变薄。DeFi 让支付、借贷和交易变薄。在社交网络、游戏和媒体等领域，区块链网络也发挥了同样的作用。我们更长远的社会目标是建立新的技术栈，让用户、创作者和创业者不但不再受到挤压，而且能获得应有的回报。

不过，费率只是区块链网络经济模式的一半。另一半是为软件开发和其他建设性活动提供资金的代币激励。代币是一种强大的工具，与所有工具一样，它是一把双刃剑。如果设计得当，代币可以使一个网络成为有吸引力的事业及商业宝地。要实现这些目标，就需要精心谋划。

如果费率是大棒，那么代币激励就是胡萝卜。

第九章　利用代币激励构建网络

> 给我看看激励机制，我就能告诉你结果。[1]
>
> ——查理·芒格

激励软件开发

在商业网络还没有出现之前，最成功的协议网络是20世纪70年代和80年代由政府项目资助的。在没有企业网络与之竞争的情况下，电子邮件和万维网得到了蓬勃发展。2000年出版的《线车宣言》一书，描绘了互联网如何改变商业（以及其他许多方面）："在传统商业中由钢铁与玻璃构筑的庞大帝国的夹缝之间，互联网像野草一样疯狂生长。"书中继续写道："互联网之所以如此繁荣，很大程度上是因为它没被注意到。"[2]

试想一下，如果电子邮件和万维网在诞生之初就与企业网络初创公司相竞争，那么这些协议网络可能不会存在很久，它们很可能也会像其他协议网络如RSS一样消亡。企业网络之所以能够碾压协议网络，部分是因为它们拥有更多的资金来支持软件开发。科技公司可以通过提供诱人的薪酬和财务上升空间，来组建由世界顶级开发者组成的大型团队，这是协议网络无法匹敌的。

网络不会凭空建成。任何试图挑战企业网络竞争对手的网络设计，都需要提供具有竞争力的薪酬和财务上升空间。凡事都需要有人付出努力才能实现，这是一个不争的事实。激励措施至关重要。

协议网络通常没有为开发者提供具有竞争力薪酬的资源，它缺乏自给自足的能力，只能依靠志愿者的自愿努力。与协议网络一样，区块链网络也依赖第三方（个人或公司）来构建大部分软件组件，但两者之间存在一个关键区别：区块链网络并不完全依赖志愿者，它有一个内置机制来为开发者提供资金支持。

区块链网络使用代币来激励开发者。前文提过，代币是表示所有权的通用计算原语，它可以代表区块链网络经济的基础价值单位。（我将在第十章中介绍基于区块链经济机制的设计原则。）用于这一目的的代币，通常被称为原生代币。例如，以太币就是以太坊区块链的原生代币。有时，原生代币除了作为一种经济激励，还能把治理权赋予其持有者。（更多内容参见第十一章。）

通过发放代币奖励，区块链网络可以吸引外部人员加入，鼓励软件开发并保持其竞争力。这种资金来源，使得区块链网络能够创建与现代企业网络相媲美的现代软件。

在企业网络中，员工几乎承担了软件开发的方方面面。在推特这样的公司，需要完成的工作包括开发和维护应用程序，调整对推文进行分类和排序的算法，以及创建拦截垃圾邮件的过滤器。相比之下，区块链网络将这些任务外部化，即让外部开发人员和软件工作室来完成这些工作。在企业网络中属于内置的工作，在区块链网络中变成了外部的、基于市场的任务。这些外部开发人员通常会获得代币补偿，并成为在网络中拥有部分所有权和治理权的利益相关者。

对开发者进行代币激励，具有多重好处。首先，世界上任何人都可以参与网络并做出贡献，从而拓宽了人才渠道和利益相关者的基础。随着做出贡献之人赚取代币并成为部分所有者，他们就更有动力通过构建软件、创建内容或以其他方式帮助网络取得成功。其次，代币激励机制为每个项目创造了公平竞争机会，这意味着用户可以从多个软件选项中进行选择，就像他们可以从多个网络浏览器和电子邮件客户端中进行选择一样。最后，代币可以以透明、程序化的方式进行分配。与上市公司股票等模拟系统不同，这种方式更公平、开放，且减少了摩擦。（更多内容参见第十二章的"代币监管"部分。）

任何项目的目标都是要招募广泛的社区贡献者群体，但这需要时间。在最初阶段，项目团队通常是由一小群追求新想法的开发者组成的。早期的贡献者有时会进行非正式合作，有时会通过法律实体建立正式关系。早期开发者通常会得到代币补偿，至少是部分补偿。一个设计良好的网络会分发这些代币奖励，使团队在完成初期工作后仍能拥有一定的影响力和上升空间，但也不会过多。

当半自动代码已经为在区块链上运行做好准备时，早期开发者就会启动网络。如此一来，他们就放弃了控制权。早期开发者通常会继续开发可访问网络的应用程序，但这些应用通常只是众多应用之一。网络在得到广泛且多样的社区支持时，才能发挥最大作用。区块链网络是无须许可的，如果设计得当，它不会偏袒任何应用程序开发者——即使是网络的原始发明者，也不例外。

启动后，区块链网络可以通过代币赠予来资助持续开发。一些区块链网络拥有价值数亿美元的金库，这些资金可以通过社区决策或基于预设指标，以自动化的方式分配。[3] 例如，这些赠予资金可以用于资助独立软件开发者开发前端应用程序、基础设施、开发者工具和分析等功能。在一个健康的生态系统中，营利性投资者补充这些资助计划——为基于网络的新项目、应用程序、服务和其他业务提供额外资金。（回顾第八章内容可知，可预测的低费率鼓励区块链网络投资，因为建设者和投资者都知道，如果成功，他们将获得所建项目带来的经济回报。）

区块链网络向软件开发者发放代币奖励的能力，使其能与企业网络处于公平竞争地位。代币资助再加上外部投资，使区块链网络能够与在软件开发方面做了巨额投资的企业网络公司，进行公平竞争。除此以外，代币奖励还有其他优势。吸引开发者的奖励机制，同样可以吸引用户、内容创作者和其他网络参与者。

克服启动难题

早期网络参与者为企业网络创造了巨大价值，他们很努力却很少得到公平的回报。这样的例子数不胜数，比如成就优兔的视频创作者，活跃在脸书上的社交群体，使照片墙流行的网络大V，为爱彼迎提供住房的房主，以及加入优步网络的司机等，都没有得到应得的回报。然而，没有参与者，就没有网络。

企业网络几乎无一例外地将财富和权力集中在少数人手中——投资者、创始人以及部分员工。一小部分幸运儿赚得盆满钵满。网络效应使得拥有这个网络的群体受益，并且通常是以牺牲其他参与者利益为代价，而实现赢家通吃的结果。随着企业网络不断发展壮大，早期用户的利益越来越被践踏。少数企业网络的关联公司赚了钱，而其他所有帮助建立网络的人却被抛弃了。早期参与者愤愤不平，他们被排除在外。

区块链网络采取了一种更具包容性的方法。它向建立和参与网络建设的早期用户发放代币奖励，例如，区块链社交网络会奖励那些创造了受其他用户欢迎内容的用户，一款游戏可能会奖励那些玩得好或贡献了有趣修改模组的用户，一个市场平台可能会奖励带来新买家的早期卖家。最好的设计，不是因用户支付费用或购买任何东西而奖励他们，而是因其对网络做出的建设性贡献而奖励他们。

随着网络不断发展，代币奖励应该逐渐减少。参与者越多，网络越有用。一旦有足够多的人参与进来，网络效应就开始发挥作用，提供奖励的必要性就会降低。那些在网络尚未成功时就冒着风险尽早做出贡献的人，将获得最大收益。

这不仅对用户和贡献者有益，对网络本身也有好处。在建立网络时，一个关键挑战是如何克服"从零开始"或"冷启动"难题：在没有足够多的用户和贡献者参与并使网络真正有效之前，就能吸引他们。网络效应具有两面性，它可能加速网络增长，但也可能阻碍其增长。规模化的网络，能够轻松吸引新用户。相反，规模较小的网络只能为生存而挣扎。

代币奖励有助于克服启动难题。Compound 等 DeFi 网络，[4] 在认识到代币激励可以在网络效应较弱的启动阶段吸引用户后，率先采用了这种方法。网络效应与代币激励之间的关系如下页图所示。

企业网络也会采用类似的手段来克服启动难题，不过它提供的不是代币奖励，而是费用补贴。大家应该还记得，为了鼓励人

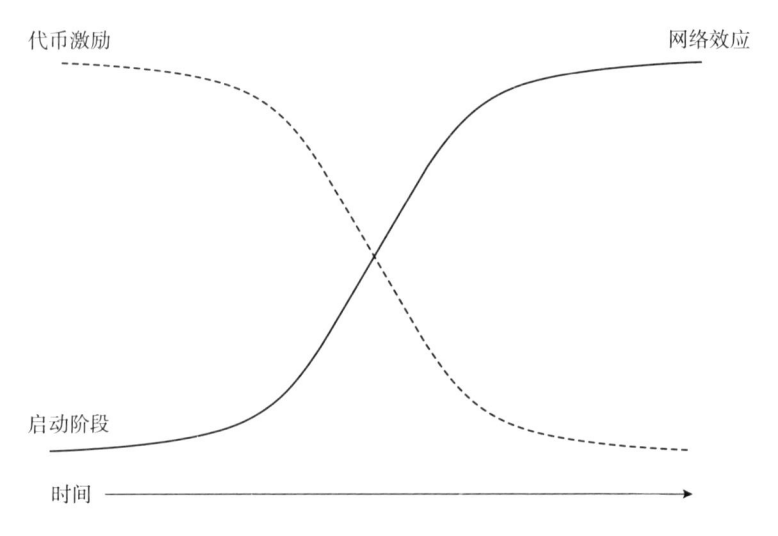

们向其网络贡献视频，优兔在刚起步时对视频托管费用进行了补贴。

然而，补贴的作用着实有限。许多网络极具实用价值且应该出现，但并未存在，这是因为跨越网络效应的早期启动障碍实在是太难了。代币激励则为之前那些尝试失败的网络服务，提供了一种新的构建方法。

以电信行业为例，几十年来，技术专家一直梦想着建立一个草根互联网接入服务提供商。与通过企业网络建造并拥有电信基础设施不同，用户可以自愿在家中或办公室安装如无线路由器等接入点设备。其他用户将利用这些接入点（而不是企业网络公司的基站）进行网络连接。这样做的目的是，用社区拥有的设施取代像美国电话电报公司（AT&T）和威瑞森通信公司（Verizon）这样的现有电信公司。

多年来，人们反复尝试创办草根电信服务。麻省理工学院的学生（Roofnet 项目）、一家风险投资支持的初创公司的员工（Fon

项目）以及纽约市的市民（NYC Mesh 项目），都曾尝试过这项挑战，[5] 但他们都发现，要安装足够多数量的接入点以实现广泛的网络覆盖，是异常困难的。大多数项目在启动阶段便停滞不前。

直到一个项目的出现才改善了现状。这个名为"Helium"的实验性区块链项目，[6] 比其他任何项目都走得更远。该网络鼓励人们安装和运行接入点以换取代币奖励，这使得它在几年内实现了全美覆盖。对于需求侧，该网络仍有许多工作要做。（最初的网络是基于一种复杂难懂的网络标准，但后来升级到 5G 蜂窝网络，这是一种更受欢迎的选择。）Helium 在供给侧建立草根电信服务网络，取得了比以往任何尝试都更大的成功，这证明了代币激励机制的潜力。

同样，其他项目正在使用类似的方法为电动汽车充电、计算机存储、人工智能训练等领域构建网络。[7] 这些都是对社会非常有用的网络，但它们都在启动阶段遇到了障碍。代币激励为打破建设新网络的启动障碍提供了一种强大的新工具。代币激励机制还有助于打破企业网络中"富者更富"的趋势——当网络成功时，只有员工和投资者（而不是用户）能获得收益。

代币的自我营销

实现口碑营销的连锁反应是所有销售人员的梦想。一个人告诉另外两个人，这两个人再告诉其他四个人，四个人告诉更多的八个人，以此类推，受众呈现指数级增长。这种以口碑相传为导向的营销是发展产品、品牌、社区和网络的最有效、成本效益最高的方式。诀窍在于，要有传播力。

自从 Hotmail 为电子邮件添加了默认页脚——附：我爱你。请在 Hotmail 上获取你的免费电子邮件——以来,[8] 创始人一直热衷于寻找正确的病毒式营销途径,来使他们的服务具有传播力。脸书在大学校园社交方面找到了突破口。Snap 俘获了一群厌倦了拥有永久数字记录的青少年。优步通过一个神奇按钮让人们实现了乘车和食物即时出现的愿望。

但自从这些企业网络出现以来,许多用户已经深陷习惯之中。看看苹果或谷歌手机商店里的热门应用就知道了,[9] 几乎所有长期占据榜单前列的产品都是 10 多年前创立的:脸书(2004 年)、优兔(2005 年)、推特(2006 年)、WhatsApp(2009 年)、优步(2009 年)、照片墙(2010 年)、Snap(2011 年)等。即使是抖音(2017 年)的母公司,其成立时间也比你想象得早很多:字节跳动(2012 年)。[10]

我并不是说新服务永远不会大红大紫,总会有例外。也许像 ChatGPT 这样的人工智能应用,会有持久的生命力并成为新的顶级应用。但在大多数情况下,游戏规则已经改变。如果你与消费互联网投资者交谈,他们会告诉你,用户已经把手机主屏幕塞得满满当当,新应用很难脱颖而出。人们的生活习惯已经定型。

大型科技公司如今已经成了看门人。初创公司若想触及用户,首先需要越过这些科技巨头的服务。在提取阶段,企业网络会控制创业公司获得的免费流量,并迫使大多数创业公司为继续发展而投放广告,这一点我们在第八章已经讨论过。为了获得关注并保持与时俱进,许多初创公司不得不支付高昂的推广费用。[11]

初创企业认为,只要能留住足够多的客户,长期的经济效益就会改善,并以此为理论来证明增加营销费用是合理的。它们劝导自己,总有一天会盈利。实际上,随着初创企业规模不断扩大,广告的边际效益会不断下降。[12] 许多处于后期阶段的初创企业，无论是销售床垫、餐盒、流媒体电影还是其他什么产品，都面临着高昂的用户获取成本和负利润率。换句话说，它们前景堪忧。

代币提供了一种跳过广告，通过点对点的口碑式传播，来直接获取用户的新方法。代币让个人成为网络的利益相关者，而不仅仅是参与者。当用户有主人翁意识时，他们就会有更大动力去参与和传播更多信息。这种用户主人翁意识，比企业雇用市场团队推广项目更加真实有效。他们通过博文、推特和代码赢得人心，他们积极参与论坛讨论，他们通过键盘为网络说好话、唱赞歌。由于代币能带来经济和其他利益，代币本身不需要营销。也就是说，代币是自我营销的。

区块链网络依赖于社区主导的宣传，而非传统广告。这使它无须向看门人企业网络付费，就能发展壮大。比特币和以太币背后没有公司支持，更没有营销预算，却有数千万人持有其代币。传播者利用的是口口相传。他们组织聚会、在线聊天、交换表情包和撰写文章等，以不断扩大网络的影响力。许多其他网络也是如此。几乎所有顶级区块链网络，都没有在广告宣传上投入大量资金。它们不需要营销，它们的增长方式具有"传染性"，用户本身就是最好的营销者。

代币是一种强大的工具，但它需要被负责任地应用。代币所属的网络应提供有价值的服务。营销应该是建立网络的一种手段，而不是目的本身。否则，项目就会沦为空洞的营销计划。（这也是为什么对代币进行深思熟虑的监管至关重要，我将在第十二章的"代币监管"部分对此进行详细讨论。）

再次回到城市的类比。房屋的拥有者被激励去建设和推广自己的城市，他们开发房地产、创办企业、支持当地学校和运动队、参与各种组织和公益活动……他们是真正的社区成员，在经济上能获得好处，在管理上有发言权。

建立真正的社区，是实现病毒式传播的最佳途径。

让用户成为主人

狗狗币（Dogecoin）也许是最纯粹的自我营销实例，[13] 它是一种著名的"迷因币"（memecoin）或玩笑币（joke token）。

与许多迷因币一样，狗狗币的出现源于区块链的开源精神。创建区块链网络其实很容易，因为任何人都可以"分叉"或复制另一个项目的代码。狗狗币就是这样一种衍生品。事实上，它是一个复制品的复制品的复制品。狗狗币是另一个项目 Luckycoin 的分叉，而 Luckycoin 是 Litecoin 的分叉，Litecoin 又是比特币的分叉。（这就是可组合性。）

狗狗币的创始人打算用这个项目来模仿比特币等加密货币，以对其进行讽刺。尽管狗狗币只是一个没有实际应用的恶搞币，但它多年来一直保持着数十亿美元的市值。尽管只有少数几个地方接受用狗狗币进行支付，但它还是吸引了一批狂热的追随者。超过 200 万用户订阅了狗狗币 Reddit 论坛的讨论页面，[14] 埃隆·马斯克是该项目最著名的支持者。狗狗币爱好者的聚会中甚至促成了不少情侣。[15]

狗狗币的创建者对自己创造的东西非常不满，并时不时通过贬损加密货币来试图浇灭市场对狗狗币的狂热。尽管创始人批评不断，但狗狗币却像科学怪人一样拥有了自己的生命，只不过更可爱一些。

狗狗币顽强的生命力证明了一个草根社区是如何推动区块链网络发展的，即使是在原始团队离开甚至变得充满敌意的情况下。对用户来说，狗狗币可能是一个愚蠢的网络，但至少是他们自己的愚蠢网络。用户拥有并控制着网络。如果需要对网络发展做出有意义的决策，用户就有权做出这些决策。如果网络发展壮大，狗狗币持有者就能获得收益，这在企业网络中是不可能的。狗狗币是最接近能够证明代币力量（在不存在干扰因素的情况下）的临床实验。

需要澄清的是，我并不是狗狗币的粉丝，至少在目前状态下是如此。出于同样的原因，我也对大多数迷因币不感兴趣。大部分迷因币只是为了金融投机而存在，在最糟糕的情况下，它们可能是让推广者致富而让大众受害的庞氏骗局。（当然，无须许可创新的好处在于，如果你不同意，你也不必得到我或其他人的许可才能不同意。）

尽管如此荒唐，狗狗币社区 10 多年来一直非常活跃。其他迷因币也在同样长的时间里保持着强大的生命力。30 年来，用户一直在为互联网网络的发展做出贡献，却没有得到什么回报，企业网络忽略了他们。狗狗币和其他代币实际上将他们包括在内，使他们成为所有者，并首次赋予他们真正的控制权和经济益处。显然，所有权具有强大而持久的影响。

现在想象一下，将这种效应与提供有用服务的网络结合起来将会怎样。Uniswap 将一个有用的产品（去中心化的代币交易所），与一个从网络成功中获益的忠诚社区结合在一起。[16] 自 2018 年年底首次亮相以来，已有超过 1 万亿美元的资金通过该网络流通。[17] 2020 年，Uniswap 向所有使用过该网络的用户，免费发放了占其总供应量15%的代币作为奖励。当时，该网络大约有25万名用户。平均每名用户获得了价值数千美元的"空投"奖励，以及网络治理权。[18] 此外，该网络还预留了另外45%的代币用于社区赠款计划，从而将该网络60%的代币分配给了社区。

如此大规模地将用户变为所有者，这在科技初创公司的历史上是前所未有的。Uniswap社区获得了该网络大部分的财务收益和治理权。大多数企业网络在与员工以外的网络参与者分享任何有价值的东西时，都非常吝啬。脸书、抖音、推特和其他大多数大型企业网络，都没有为构建、发展和维持这些网络的用户预留任何股份。

在本书中，我一直在揭示企业网络模式的种种弊端。当然，企业网络也做了很多好事。正如在第八章中所述，亚马逊、爱彼迎和谷歌等公司的通货紧缩商业模式，压降了消费者为服务支付的价格，同时保持或提高了产品质量。用户用脚投票，将金钱、注意力和数据，授予那些提供比以前更好产品的公司。

但我们应该对互联网有更高的期望。节约成本固然是好事，但如果公司能让用户而不仅仅是股东分享到其财务成功成果，岂不更好？大型科技公司的市值高达数万亿美元。用户尤其是早期用户，为这一成功做出了巨大贡献。他们在亚马逊上销售产品，在优兔上发布视频，在推特上分享内容……就像创始人和投资人一样，用户也在早期阶段下注。然而，在大多数企业网络中，用户充其量只能被视为二等公民，或者在最坏的情况下仅被当作一种提供给真正客户（如广告商）的产品。

希望的曙光还是有的。一些公司设法在IPO中为用户预留股权。[19] 值得注意的是，爱彼迎、来福车（Lyft）和优步在IPO时为部分房主、司机预留了股权，并鼓励他们用一次性现金奖励购买这些股票。这些计划无疑是朝着正确方向迈出的一步。但是，这些预留的股权数量仅占公司所有权总股份的一小部分，甚至比例低至个位数。

而区块链网络则慷慨得多。在大多数受欢迎的区块链网络中，社区获得的代币占总代币的 50% 以上。[20] 代币的分配方式多种多样，包括空投、开发者奖励和早期参与者奖励等。所有权不是集中在一小部分内部人员手中，而是根据用户对网络的贡献程度，在用户之间进行广泛分配。

这才是网络该采纳的运作方式。如果企业网络能像区块链网络那样想办法让其社区拥有大量所有权，那将对世界发展有利，对用户来说也是个更好的结果。但遗憾的是，企业网络目前还没有做到这一点，而且似乎未来也做不到。此外，即使企业网络真的找到了实现这一目标的方法，它在其他方面仍然会有所欠缺，比如对用户做出强有力的承诺、保证较低的费率，以及始终保持开放、可组合的 API。

区块链网络在其核心设计中融入了社区所有权，这是由其基因决定的。虽然像狗狗币这样的变种迷因币看起来像个笑话，但它们显示了用户是如何接受各种代币（有些愚蠢，有些严肃），以填补企业网络留下的空白并寻找真正的社区归属感。互联网最初是被设想为由参与者拥有和控制的去中心化网络，而代币正在实现这一愿景。

第九章 利用代币激励构建网络

第十章　代币经济学

> 价格之所以重要，并不是因为金钱至高无上，而是因为价格是一个在知识碎片化的社会中，能起到协调作用和快速且有效传递信息的工具。[1]
>
> ——托马斯·索维尔

设计激励系统来支撑区块链网络，有时被称为代币经济学（tokenomics）。顾名思义，这一术语是"代币"（tokens）和"经济学"（economics）的结合体。

虽然代币经济学听起来像一个全新的概念，但其新颖之处在于，将旧概念应用到互联网环境中。从概念上讲，它并没有什么突破性的新东西，代币经济学主要涵盖经济学原理。（从业者也称这门学科为协议设计，但为避免与早期互联网风格的协议网络相混淆，我不使用这一术语。）

区块链网络并没有发明内置或原生货币的虚拟经济概念。多年来，游戏中一直存在着虚拟经济。20 世纪 70 年代和 80 年代，街机游戏厅开始使用具有专有代币的游戏机，取代普通的投币游戏机。[2] 随着街机游戏厅的扩张、人气的增长以及游戏数量的增加，代币价格往往会被推高。旧代币仍然可以使用，如果你早早买了一堆代币并一直持有，你玩游戏的实际成本就会比其他人低。

如今，在电子游戏中出现了这种理念的更高级版本。从 21 世纪初就开始运营的《星战前夜》（*Eve Online*），可能是最著名的因虚拟经济而火热的游戏。《星战前夜》拥有数百万玩家，他们在一个名为"新伊甸"的虚构星系中进行贸易和战斗。[3] 游戏制作商 CCP Games 每月都会发布一份数据丰富的关于游戏内现状的经济报告，包括"凡晶石"、"灼烧岩"和"干焦岩"等虚构矿石的市场价格。该工作室非常认真地构建了一套以跨星际代币为基础的经济系统。2007 年，该工作室聘请了一位知名博士，来执行和管理游戏中的货币政策，这一举措在当时登上新闻头条。[4]

《星战前夜》的成功激励了一代追随者，包括从《部落冲突》这样的简单手机游戏到《英雄联盟》类的硬核游戏。这些游戏都设置了游戏内货币，并制定了玩家赚取和消费货币的方式。游戏制作商通过创造有趣的体验来吸引数百万玩家，从而创造对这些数字货币的需求，然后玩家使用这些原生货币购买游戏内的虚拟物品。需求旺盛推动货币升值，而兴趣减退则使货币贬值。

区块链网络的代币经济系统设计，借鉴了电子游戏中数字货币的经验与教训。区块链经济与任何健康的虚拟经济一样，应平衡本系统原生代币的供需，以促进可持续增长。精心设计的代币经济系统，有助于网络的蓬勃发展。正确的激励机制，能将用户转化为社区的所有者和贡献者。

激励措施的设计必须用心，否则可能会产生意想不到的后果。史蒂夫·乔布斯曾就企业激励措施发表观点："激励机制非常有效，所以你激励人们去做什么时必须非常谨慎。"[5] 他警告说，它们可能会"造成各种你无法预见的后果"。

水龙头与代币供应

在设计代币经济系统时，我们最好把代币想象成流经房屋管道的水。供给端就是"水龙头",提供水流;需求端则是"排水口",消耗水流。

网络设计者的首要任务是平衡水龙头和排水口,确保水既不会溢出也不会不足。如果水龙头开得太大,可能会导致供大于求,代币价格因此承受下行压力。反之,如果排水口出水太快,可能会导致供小于求,代币价格因此而有上涨压力。如果没有适当的平衡机制,代币价格就会大幅波动,最终导致泡沫或崩盘。这种情况会扭曲激励机制,影响网络的最终效用。

第九章的大部分内容都涉及水龙头:向开发者赠送代币,通过代币奖励启动网络,向早期用户空投代币,以及其他活动。理想情况下,水龙头可以优化积极行为,从而推动网络规模的扩张。水龙头应激励软件开发者开发出新功能和新体验,并与其他参与者(如创作者和用户)一起形成一个有动力培养和发展网络的社区。

下表是水龙头的常见示例。

水龙头	描述
出售给投资者	通过出售代币筹集资金,支持网络初期运营
创始团队奖励	奖励那些为构建初始网络做出贡献的人。有助于网络吸引顶尖人才
持续开发奖励	由社区控制的赠款,为网络持续发展提供资金。有助于网络吸引顶尖人才
用户启动奖励	帮助网络度过"启动"阶段的激励措施。随着网络内在价值的增加,奖励逐渐减少
向用户空投代币奖励	奖励早期社区成员,建立良好声誉,扩大网络利益相关者的基础
安全预算	提高系统安全性的激励措施,例如奖励区块链验证者

水龙头是构建网络的有力工具，它们分发的代币奖励不仅可以帮助解决启动难题，招募早期贡献者，为持续开发提供资金，还可以与广大社区用户分享经济利益，并使网络保持安全稳定。它们类似于城市建设中早期的土地赠予，旨在调整激励措施并且鼓励房地产、商业以及其他业务的发展。

排水口与代币需求

最佳排水口将代币需求与网络活动紧密联系起来，从而使代币价格与网络的使用率和受欢迎程度保持一致。有用的网络会产生更多代币需求，而不那么实用的网络则会产生较少需求。

对网络访问或使用收取费用的排水口，被称为"访问费"或"沉没费"。你可以把它们想象成数字版的高速公路收费站，只收取足够用于网络维护的费用。以太坊和某些 DeFi 网络，就采用这种方法。以太坊网络有一个最大容量，在任何时候都只能运行数量有限的代码。为避免超载，网络会对计算时间收费。（我们之前谈过，以太坊就像一台公共计算机，这让人联想到几十年前的分时大型机。）

以太坊的计算成本被称为"手续费"。手续费的价格是以太坊原生代币以太币的一个小额单位，会根据供求关系而变化。以太坊网络会收集部分手续费来购买和"烧毁"（销毁）代币。这种收集和销毁活动会减少代币供应，理论上会提高以太币的价格（假设需求保持不变）。类似地，像 Aave、Compound 和 Curve 这样的 DeFi 网络，也会收取费用并将收益存入网络金库，之后再通过水龙头重新分配。所有这些都是自动进行的，由嵌入在每个区块链网络中的不可变代码驱动运行。

基础层区块链的另一个常见排水口是"安全"排水口，用于奖励代币持有者进行"质押"，或将代币锁定在验证者手中等行为。正如在第四章中所讨论的，验证者是通过验证拟交易的有效性，来维护网络安全的计算机。质押是指用户将代币锁定在代码强制托管账户中的行为。如果验证者表现诚实，就会获得更多的代币奖励。在某些网络设计中，如果验证者行为不诚实，可能会受到惩罚。代币质押是一把双刃剑——它既是一个排水口，通过锁定（有时甚至是没收）代币来减少流通量，也是一个水龙头，通过奖励诚实的质押者来增加代币流通量。

安全排水口有利有弊。有利的一面是，它有利于网络安全。质押的资金越多，网络及其应用程序就越安全。随着网络上运行的应用程序越来越受欢迎，更多的人愿意付费使用它们，网络收入也会随之增加。这给代币价格带来了上涨压力，从而提高了质押奖励。这反过来又鼓励了更多的质押行为，从而进一步提高网络的安全性。

不利的一面是，安全排水口可能成本高昂。它们在设计上内置了奖励质押行为的水龙头，可以通过增加代币供应来抵消需求压力，从而可能压低价格。这就是为什么以太坊等区块链网络将访问排水口和安全排水口结合在一起，以及为什么它们的社区会对代币流入和流出进行微调以确保平衡。两者任何一个过多，都会导致系统失衡。

我们在此要介绍的最后一种常见的排水口是"治理"排水口。有些代币赋予用户投票来改变网络的权力。为了获得更大的影响力，用户会购买这些代币。能参与投票的激励机制会让人们购买并持有代币，使其退出流通，从而产生对代币的需求和一个事实上的排水口。然而，治理排水口可能会出现搭便车现象。当人们选择不投票时，就会出现搭便车现象。他们可能认为投票的结果并不重要，或者认为无论是否参与投票，结果都会偏向他们，所以就不投票了。治理代币有助于保持网络的大众治理，但它们不可能独自维持对代币的需求。

排水口	优点	缺点
访问/费用排水口	与网络使用情况紧密相关，激励代币持有者开发有用的应用程序以推动网络规模的扩张	如果费用设置过高，可能会阻碍网络的使用
安全排水口	随着代币价值的提升，网络安全性也随之增强	由于需要设置奖励机制来鼓励诚实行为，可能成本较高
治理排水口	为利益相关者提供参与网络治理的途径	容易受到搭便车行为的影响，仅部分与网络效用的增长紧密相关

排水口的设计，要与网络使用情况紧密相关。随着网络使用量的增加，代币消耗会增多，从而产生价格上涨压力。价格上涨的压力，反过来又增加了用于安全、软件开发和其他建设性活动的代币奖励的价值。设计得当的排水口，有助于形成良性循环。

设计不当的水龙头和排水口可能会助长投机行为，破坏社区精神。有些区块链社区几乎只关注代币价格。过度关注价格是一个不好的信号，这是赌场文化的标志。设计良好的代币激励机制能让社区关注建设性议题，如开发新应用和技术改进等。对于一个项目的讨论质量，往往能反映出其社区的健康状况。

可以用传统金融方法对代币进行估值

反对区块链网络的一个常见论点是，代币纯属投机，没有内在价值。报纸专栏作家经常把它称为骗局，沃伦·巴菲特称其为"老鼠药"。[6] 因《大空头》而出名的逆向交易者迈克尔·伯里（Michael Burry）称其为"魔豆"*。[7] 言下之意是，依赖代币的网络毫无用处，这只是一场投机泡沫而已。

选择新兴技术中最糟糕的缺点来一棍子打死一个前途无量的新行业，可能会制造吸引眼球的头条新闻，但这种批评有些哗众取宠。许多不具生存能力的铁路公司助长了早期的股市狂热，但这并不意味着铁路就没有价值。当汽车首次亮相时，人们评价它不实用、低效率以及威胁生命安全。早期的互联网内容既愚蠢又具有攻击性，甚至是危险的，许多自认为更了解内情的人认为这个行业要么不严肃，要么存在道德风险。

理解新技术需要付出努力。批评者只关注坏的一面，却忽视了好的一面，他们未能预见这种颠覆性创新的长期潜力。虽然确实有很多设计拙劣的代币纯粹是由投机驱动的（例如大多数迷因币），但并非所有代币都是如此。这些批评所忽略的是，软件是一种可塑性很强的媒介，几乎所有能想到的经济模式都能在软件中实现。一个诚实的评估应该着眼于代币设计的细节，而不是用几个糟糕的案例来以偏概全。

---

* 魔豆（magic beans）这个词通常用于童话、奇幻小说或电影中，是指拥有神秘力量的豆子，种下后会生长出通往神秘世界的藤蔓或引发其他奇异现象。——译者注

有很多设计良好的代币,都有可持续的供需来源。回想一下以太坊如何对交易或网络使用收取费用,以及如何使用这些资金购买并销毁代币,从而使其退出流通。减少代币供应可以提高现有代币的价值,使代币持有者受益。作为系统透明编码规则的一部分,所有这些都会自动运行,没有任何公司能在幕后进行干预。这种设计是可行的。

换句话说,以太坊产生的代币相当于现金流。为以太坊编写的应用程序越多,这些应用程序被使用的次数越多,对网络计算时间和以太坊原生代币的需求就越大。以太币的供应量会有所变化,但一般来说,在考虑所有的水龙头和排水口效应之后,它会保持相对稳定(其供应量在过去缓慢增长,最近供应量一直在下降)。这意味着以太币的价格,应该大致与基于以太坊网络构建的应用程序的受欢迎程度相关。通过研究区块链网络的现金流和销毁率,你可以使用传统的财务指标(如市盈率)对以太坊等区块链的代币进行估值。

以太坊展示了良好的代币设计应该是什么样的,但它并不是唯一设计优良的区块链网络。其他区块链网络包括 DeFi 网络,也采用了类似的模式。这些网络收取的代币费用用于资助网络活动,如购买和销毁代币,或向代币持有者分发资金。如果你了解一个系统的水龙头和排水口,就可以评估其代币的价值。访问/费用排水口会产生网络收入,这得减去所有成本。代币价格乘以供应量(对未来发行的代币采用一定的贴现率),就可以得出市值。所有这些都是标准的金融学知识。

我们可以与房地产进行类比。区块链网络收取访问费的模式,具有与持有房地产类似的特征。"售租比",是房地产中常用的估值指标，你可以用房价除以年租金来计算这一指标。你可以根据计算结果选择买房还是租房，或者选择住在自己的房子里还是把它租出去。你可以随时出租房子并产生现金流，这为资产估值提供了依据。类似地，你可以将基本面分析应用于区块链网络，以确定代币的公允价值。

代币有没有价值，主要取决于其有没有长期需求，这在一定程度上取决于其经济机制的设计。区块链网络的"水龙头"和"排水口"需要设计得当，以便将网络的受欢迎程度转化为对代币的持续需求。

当然，这引发一个更棘手的问题：网络会受欢迎吗？这是无法预知的。有些网络会成功，有些则不会。但我可以肯定的是，成功的网络会提供有用的服务，并吸引用户访问网络。

一个理性的怀疑论者可能会怀疑某个特定区块链网络的可行性，或者怀疑世界是否需要区块链网络。或许互联网上已经有足够多的网络。或许企业网络已经足够完善，并将继续占据优势地位。这要么是因为用户已经被牢牢锁定，要么是因为企业网络在用户体验等方面总是比区块链更胜一筹。这并不是我的观点，但这是一个评论家可以持有的合理立场。然而，声称代币是建立在不切实际的经济理论基础上，这是不合理的。代币不是魔豆。代币是用来推动虚拟经济的资产，可以用传统的金融方法对其进行估值。

金融周期

从股票和商品到房地产和收藏品，凡是可以买卖的资产都可能存在投机行为。市场总是存在投机行为，而且将来也是。代币也不例外。经济系统中的行为主体容易兴奋，尤其是在新技术、新业务或新资产大有可为的情况下。

经济史学家卡萝塔·佩蕾丝（Carlota Perez）在 2002 年出版的《技术革命与金融资本》一书中，描述了技术驱动的经济革命如何遵循可预测的周期变动。[8] 首先是"启动阶段"，这个阶段伴随着技术"突然出现"或突破，随后是"狂热"的投机。接着是市场崩溃，泡沫破裂。然后是"应用阶段"，这个阶段包含一个"协同"期，新技术在此期间得到广泛应用。最后，行业整合并达到"成熟阶段"，使曾经的突破性发明成为常规行为。就这样，资本主义在起起伏伏中不断进步。

另一种观察科技创新进程的方法是"技术周期"理论，[9]这是高德纳咨询公司从 1995 年创立并一直使用的主流管理框架。高德纳的模型建立在其他思想家的研究基础之上，[10] 比如以破坏性创新理论著称的经济学家约瑟夫·熊彼特。该模型展示了当一项新技术出现时，它所带来的兴奋感会如何催生金融泡沫（期望膨胀的顶峰）。接着通常会出现泡沫破裂（期望幻灭的低谷）。然后，随着技术的广泛应用，会迎来一个长期的生产力增长期（启蒙的斜坡）。

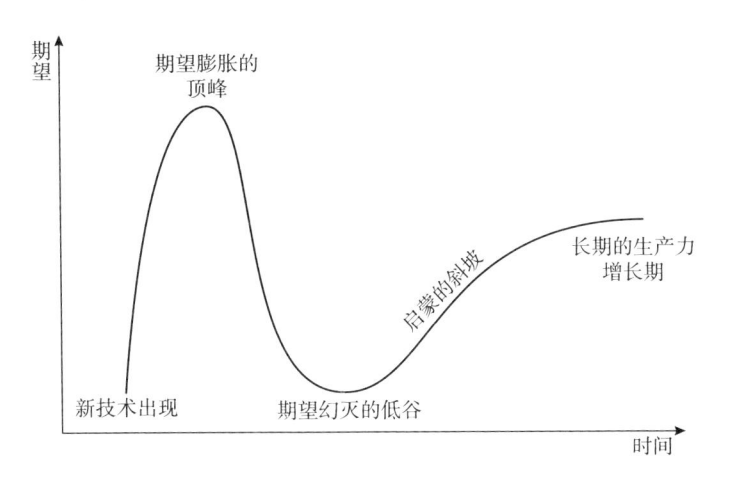

第十章 代币经济学

技术周期已在铁路、电力和汽车等许多技术领域多次上演。以互联网技术为例，20世纪90年代，互联网的狂热达到了"期望膨胀的顶峰"。那个时代涌现出许多估值过高的IPO，但同时也孕育了几家合法且极为成功的公司。在经历了21世纪初期"期望幻灭的低谷"之后，又沿着"启蒙的斜坡"平稳地走了20年，互联网的估值才重新创出新高，而这一次是由基本面驱动的。任何将互联网技术斥为魔豆的怀疑论者，都会错过谷歌、亚马逊等公司的成功。

区块链网络已经经历了多次兴衰周期，而且每一次都比前一次更加剧烈。某些最初的兴奋，确实基于真正的技术突破。2009年，比特币率先提出区块链这一概念。2015年，以太坊扩展了这一概念，创建了一个通用编程平台。用佩蕾丝的话说，这两项技术进步都可以视作一个经典的技术突破期。正如经常发生的，市场的兴奋点经常领先于技术本身。技术现实往往无法立即满足投资者和企业家所寻求的超额回报。随之而来的是暴跌，有时是由宏观经济事件或某个著名项目的崩溃等冲击造成的。

有人认为，区块链比其他技术更能加剧投机周期，因为区块链的关键创新在于实现数字所有权。当你拥有某样东西时，你可以随心所欲地处置它，包括买卖。如果我们生活在一个只能租房的世界里，而有一天有人发明了一种拥有房屋的方式，那么投机性房地产市场几乎肯定会出现。聪明的政策和监管有助于抑制投机行为（我将在第十二章的"代币监管"部分，进一步讨论这个话题），但随着人们学会如何根据基本面来评估新技术的价值，投机行为往往会自然平息。

我和我的同事对代币市场的起伏进行了研究，我们把观察到的模式称为"价格—创新周期"。代币市场遵循经济学家长期以来研究并总结出的周期性模式。新的创新会掀起一段兴趣和活动的热潮，从而刺激市场热情和价格上涨。这会吸引更多的创始人、开发者、建设者和创作者加入这个行业。如果市场崩溃，是因为预期过度膨胀，建设者会坚持下去，继续开发新的创意。他们的努力孵化了未来的进步，并再次激活这个周期。截至我写这篇文章时（2023年年中），我们已经经历了至少三轮周期，而且我们预计这种趋势还会持续下去。

投机狂热不仅是技术革命的特征之一，而且往往会促成技术革命。许多新兴技术都是资源密集型的，依赖于大量资本流入，来资助下一阶段推广所需的基础设施建设。铁路需要大量的钢铁生产和钉桩劳动，电力只有在电网能够承载的范围内才能应用，而汽车只能行驶在道路能够到达的地方。互联网热潮带来了大规模的宽带基础设施，这对后来行业的发展至关重要。投机性投资并非总是白费的。

区块链也需要大量投资。区块链需要工具和基础设施，在其基础上构建的网络和应用程序也需要资金来扩张。大型科技企业花费了数百亿美元来扩大用户规模，其用户数量达到数十亿。打算与之竞争的网络也需要类似的资金规模。无论是理性的还是非理性的，一点点热情就会起到很大的作用。

我预计，区块链网络市场的发展，将遵循与历史上其他技术市场相同的发展轨迹。随着时间的推移，基本面将驱动代币价格，就像其驱动其他市场价格一样。投机行为将会降温，取而代之的是对代币供求来源进行更理性的评估。引用价值投资之父本杰明·格雷厄姆的一句华尔街格言：短期而言市场是投票器，长期而言是称重器。[11]

换句话说,有实际价值或分量的资产(用金融术语来说,就是具有基本面价值)具有最佳长期前景。这意味着,不要让任何短期炫目的东西分散你的注意力。某样东西在今天赢得了人气竞赛,并不意味着它会长盛不衰。

第十一章　网络治理

> 除了那些被反复尝试过的政府形式，民主是最坏的政府形式。[1]
>
> ——温斯顿·丘吉尔

互联网的核心协议网络近似于民主制度。在这些网络的基础层面，开发者权衡并实施技术标准。有些开发者是可以自由做出选择的独立个体，有些则隶属于某个开发客户端应用程序的大公司。如果修改现有协议或发明新协议的提案被提交，那么最终由开发者和业务相关人员决定是否将这些想法付诸实践。提案会被正确对待。

从某种意义上说，这些协议是由互联网社区拥有和运营的。开发者通过决定是否将提案纳入软件来"投票"，用户通过决定使用哪些产品来间接"投票"。每个人或多或少都有发言权。

在一个更高的维度上，互联网治理模式源于技术标准协调机构的组织协作。国际非营利组织万维网联盟（W3C）为数百个成员组织（包括研究机构、政府团体、小公司和大公司等），成立了一个论坛以讨论与网络相关的标准。[2] 由志愿者组成的互联网工程任务组（IETF）是另一家非营利组织互联网协会的一部分，负责维护电子邮件等互联网协议的标准。[3] 非营利国际组织 ICANN 则负责监管互联网的命名空间，包括分配 IP 地址、认证域名注册商以及裁决商标和其他法律事务的纠纷。除 ICANN 外，其他组织都不是真正的管理实体。它们确实制定了协议标准并召集讨论，但在大多数情况下，它们发布的是建议而不是法令。

政府负责监管和执法，但通常不干预基础技术。政府团体作为顾问参与互联网治理并对协议提出意见，但最终的政策是行业、民间社会、学术界和其他各方对话之后的产物。麻省理工学院研究员、互联网先驱戴维·克拉克（David Clark），恰到好处地总结了协议网络治理的精髓，[4] 他说："我们拒绝国王、总统和投票，我们相信粗略的共识和运行的代码。"（后来，IETF 将克拉克的话作为其非官方座右铭。）

从历史上看，互联网监管并非针对协议本身，而是针对与协议交互的人和公司。这包括开发客户端应用程序的公司，例如，监管当局并不要求 SMTP 阻止垃圾邮件的传输，而是通过对违反某些反垃圾邮件法律（如虚假广告或无视电子邮件退订请求等）的个人或企业处以罚款的方式，来监管电子邮件的滥用行为。软件开发商、企业和其他人，要么遵守这些法规（这些法规针对的是他们的应用程序、公司和客户端软件，而不是底层协议），要么就得承担不遵守法规的后果，这由他们自行选择。通过这种简单的行为——监管应用程序而非协议，政府帮助维护了底层技术做出的承诺。

如果说协议网络是大众治理，那么企业网络就是个体独裁。企业网络绝对由其所有者统治：虽然协调效率高，但本质上并不公平。当管理层下达指令时，所有人都必须服从。与此同时，没有什么能阻止管理层随意改变政策，以牺牲其他网络利益相关者的利益来迎合公司利益。企业网络的经济实力以及这些网络单方面做出决策的能力，使它比协议网络更具竞争优势。但是，企业网络决策过程往往是不透明的、反复无常的，有时还被用户指控具有歧视性。

当今大多数主流的互联网产品都由企业掌控，这意味着它们的管理方式是独裁。在美国，企业网络一直是硅谷大企业的福音，其中许多人都对现状感到满意。企业模式与当今互联网运作方式紧密相连，以至于人们有时会忘记还有其他网络治理模式。但是，企业网络大厦的裂缝已经开始显现，人们开始意识到其有害影响。这些裂缝在社交网络中尤为明显，社交网络是最重要的一类企业网络。

几年前，网络治理问题可能还仅限于学术讨论，但如今已成为公众普遍关注的焦点。关于脸书、推特和优兔等广受欢迎的企业网络治理的辩论日益增多。算法应该如何对内容进行排序？谁应该有访问权？正确的审核政策是怎样的？如何处理用户数据？广告和货币化变现应该如何做？对许多企业和创作者来说，这些问题直接影响他们的生计，甚至可能影响大众治理机制。

我相信有更好的模式来管理网络，而且我不是唯一这么认为的。抱有这种想法的人认为，网络治理不应该取决于特定公司的所有者是谁，也不应该取决于碰巧在那里工作之人的观点。以推特为例，也许你喜欢埃隆·马斯克接手之前这家公司的运营方式，但你现在还持相同的看法吗？也许你喜欢你最欣赏的网络的治理模式，但从长远来看，你还会喜欢它吗？越来越多的人开始意识到，网络太重要了，不能任由单个强大的公司或个人随心所欲来管理。

非营利模式

有人认为，非营利法人实体提供了一种解决方案。网络仍将采用集中管理的方式，但它将由一个动机并非经济成功的组织来控制。这种方式的支持者，将维基百科作为可以模仿的成功案例。维基百科是由非营利组织维基媒体基金会拥有和运作的大众协作"百科全书"。这是一个有趣的想法，但它能推广到其他技术领域吗？

维基百科是一个特例，它是唯一以非营利方式运营的大型互联网服务。[5] 维基百科之所以能够以这种方式取得成功，是多种因素共同作用的结果，其中包括创始人的善意、长期积累的网络效应以及较低的维护成本。与许多其他互联网服务不同，维基百科自2001年推出以来，并不需要对其产品进行太多改动。尽管技术平台在转变，但消费者对百科全书信息的需求没有发生太大变化。因此，维基百科的运维费用一直保持在较低水平，并且可以通过自愿捐款来维持。

值得称赞的是，即使是在很容易分心或轻易套现的时候，维基百科的创始人和董事会始终没有偏离自己的使命。如果维基百科的非营利模式能扩展到其他领域，那将是一件好事，但现代互联网服务需要如此少的持续投资，在这个世界上极为罕见。事实上，在其他领域成功复制维基百科的两次最有名的尝试，都已经偏离了最初的非营利模式。

第一个案例是火狐浏览器的创建者Mozilla。[6] 1998年，Mozilla起源于一个负责管理早期网页浏览器网景通信家（Netscape Communicator）代码的开源项目。在将网景相关资产剥离为非营利组织两年之后的 2005 年，Mozilla 创建了一家名为 Mozilla 的营利性子公司。如此一来，它就可以采取享受免税非营利机构所不能采取的更激进的商业策略，包括与谷歌签订价值数亿美元的协议，[7]以及收购小公司以加速产品开发等。[8]

第二个案例是 OpenAI，它是 ChatGPT 和其他工具的创建者。OpenAI 最初是作为一家非营利组织于 2015 年设立的。[9]4 年后，它推出了一家营利性子公司，以筹集与大型科技公司人工智能研发竞争所需的数十亿美元。这家初创公司走上了企业化道路。

在一个营利性的世界中，非营利组织很难生存，这两个组织的转型可能是必要的。互联网世界竞争激烈，拥有数百亿美元现金储备的大公司通常占据主导地位。在没有营收或无法进入资本市场融资的情况下与其他组织竞争，非营利组织处于不利地位。非营利模式在理论上听起来不错，但在实践中很难行得通。

联邦网络

实现更好治理的另一个解决方案是回归协议网络。推特联合创始人兼前首席执行官杰克·多尔西（Jack Dorsey），主张采用这种方式。[10]在 2022 年 4 月卸任推特首席执行官之后，多尔西发了一条推文，"任何个人或机构，都不应拥有社交媒体以及更广泛意义上的媒体公司。它应该是一个开放且可验证的协议网络"。同年晚些时候，在被问及对自己任期的反思时，多尔西补充说，推特成为一家公司是"一件大事，但也是我最大的遗憾"。[11]

我们已经在第二章的"RSS 的衰落"部分讨论过一些试图重振协议网络的尝试。还有许多类似的尝试：Friend of a Friend，是 21 世纪前 10 年用于社交图谱的去中心化协议；[12]StatusNet，是

2009 年推出的分布式开源社交网络，后来与同类项目 FreeSocial 和 GNU Social 合并；[13] Scuttlebutt，是一个始于 2014 年的自托管社交网络项目；[14] Mastodon，是 2016 年推出的基于去中心化社交协议 ActivityPub 的网络；社交互联数据（简写为 Solid），是 2018 年由万维网缔造者蒂姆·伯纳斯-李推出的项目；[15] Bluesky 孵化于 2019 年，是多尔西支持的推特替代品，它使用自己设计的去中心化协议；[16] Threads 于 2023 年推出，是 Meta 对推特的竞争性应对措施，且有朝一日将与 ActivityPub 实现互操作。[17] 还有其他一些影响力更弱的项目：Friendica（去中心化的脸书）、Funkwhale（去中心化的 SoundCloud）、Pixelfed（去中心化的照片墙）、Pleroma（去中心化的推特）、PeerTube（去中心化的优兔）等。

　　人们不断尝试把协议网络的方式应用在社交网络中。也许这些协议网络中的一个或多个会成为主流应用，但它们需要克服源自其网络设计的许多挑战。大多数方案的实施都依赖于协议网络的一种特殊变体，即联邦网络。这些协议网络不像企业网络那样，使用集中式数据中心来托管用户的数据。相反，人们通过运行自己的软件实例（被称为服务器）来托管数据。人们把这种方式统称为联邦宇宙（Fediverse）。

　　包括上文提到的 Bluesky、Mastodon 以及 Meta 的 Threads 在内的几种推特替代方案，都是以这种方式运行或打算以这种方式运行的。任何人都可以下载开源软件并运行自己的服务器，或者在现有服务器上申请一个用户账户。跨服务器通信协议（其中最主流的是 ActivityPub），允许用户跟踪其他服务器上用户的活动。这使得系统可以在没有单一公司控制的情况下，模拟集中化系统的一些功能。

用一个类比有助于解释这种设计。我们把推特这样的企业网络想象成一个只有一个统治者的大国。相比之下，联邦网络就像是由一个个有一个统治者的小国家组成的集合。虽然这些国家仍然是独裁统治，但现在有许多独裁国家可供选择。用户可以决定在哪里投入他们的时间，这让他们对于如何被管理有了一定的发言权。与用户没有选择权的企业网络相比，这种系统算是一种进步。

不过，联邦网络有两大弱点。[18] 首先是摩擦。这个障碍主要来自独立运行的服务器之间存在界限。例如，由于没有中央数据存储库，在不同服务器之间搜索内容和与用户交互操作都很麻烦。可能有一台服务器存储用户的帖子，另一台服务器存储对该帖子的回复，但没有中央服务器存储整个对话线程。这样就很难看到整个网络正在发生什么的全局视图。

基于其架构，联邦网络很难与其他网络的流畅用户体验相媲美。企业网络通过将数据存储在中央数据中心来消除摩擦，而区块链网络则通过将数据存储在区块链上来消除摩擦。（前文提过，区块链是分布式虚拟计算机，可以存储包括社交数据在内的任何信息。）联邦网络与协议网络一样没有中心化组件，因此也就没有中央存储数据的地方。这是此类网络面临的问题，因为历史表明，即使是很小的摩擦也会影响该模式被广泛应用。

如何解决这个问题呢？我们可以设想在联邦网络之上构建一个系统，该系统从各个独立服务器收集数据，并将这些数据整合到单一的、集中的数据库中。服务器有时会出现意见分歧，因此系统需要一种机制来裁定争议，从而决定哪台服务器最能代表网络的真实状态。你猜怎么着？对，我们刚刚发明了区块链。区块链提供了一种机制，可以在保持数据控制权去中心化的同时，实现数据的集中化管理。

许多联邦网络的支持者拒绝考虑也拒绝使用区块链，大概是因为区块链常常与诈骗、投机的赌场文化联系在一起。这非常遗憾。任何不带偏见地看待区块链的人都会发现，区块链是有助于与企业网络竞争的强大工具。（更多内容请参见第十二章。）

使问题更加复杂的是，一些联邦网络支持者会考虑使用区块链，但仅限于特定的区块链。例如，多尔西曾表示有兴趣将比特币作为去中心化社交网络的一部分。问题是，比特币的交易费用高昂（通常每笔交易超过 1 美元），交易速度很慢（通常需要 10 分钟或更长时间，这取决于网络条件等各种因素）。一些项目正在尝试通过在比特币之上构建附加层，来突破这些限制。我希望他们能成功。如果没有这些附加层，比特币很难成为一个去中心化社交网络的关键组成部分，从而挑战企业网络。

与此同时，其他系统已经具备足够的性能，来支持下一代社交网络的发展。较新的区块链以及建立在以太坊基础之上的所谓"二层系统"，都是现有且不错的选项。

协议政变

联邦网络的第二个弱点是其协议政变的风险。也就是说，即使联邦网络取得成功，它也可能催生一个新的企业网络，从而重新产生本书所讨论过的同样的问题。

如前所述，联邦网络就像国家联盟。它们有共同的规则，但仍存在跨境摩擦。用户往往聚集在最受欢迎的国家（服务器），这使得该国的统治者（服务器所有者）拥有制定和更改规则的无限权力。研究这类系统的人都知道其中的风险，正如一位隐私研究人员在 2018 年一篇题为《联合是世界中最糟糕的形式》的博文中恰如其分地指出的："如果不在协议和基础设施中建立同意和抵制机制，我们就是迫使大多数用户在没有任何真正选择依据的情况下，为自己的数据选择一个新的独裁者。"[19]

没有任何东西能约束联邦网络中的服务器，这就是问题所在。也就是说，系统没有防护栏。

类似的政变已经发生过。正如第二章的"RSS 的衰落"部分所讨论的，人们一度将推特视为 RSS 开放网络中的一个互操作节点，尽管它实际上是一个企业网络。最终，推特掉转方向并取消了对 RSS 的支持。[20] 它从吸引模式转为榨取模式，这也是所有企业网络的宿命。一个成功的联邦网络，将面临来自其最大节点的政变威胁。如果没有更有力的约束，经济激励取代崇高理想只是时间问题。

我们一起来看一下联邦网络中服务器的典型生命周期。将服务器作为业余爱好运行一段时间是可行的，但如果发展到数百万用户，运行成本也会随之上升。网络发展需要资金，这也是大多数大型社交网络融资数十亿美元的原因。这些资金可以来自投资者，也可以来自订阅和广告等收入来源。由于联邦网络在设计上没有核心，因此不存在为网络本身筹集资金的简单办法。相反，资金会流向受欢迎的服务器。随着时间的推移，企业网络逻辑将占据主导地位，互操作性将成为负担。这些服务器将加强管制，就像推特所做的——先吸引用户，再榨取价值。

只有在国家规模较小的情况下，将大型独裁政权（如企业网络）分解成较小的独裁政权（如联邦网络），才会奏效。但网络

第十一章 网络治理　　159

效应却恰恰相反，小优势会不断地累积并产生一个大赢家。因此，联邦网络有一种演变为企业网络的倾向，这也是该架构基本上最后都会产生的副产品。最强的节点可以控制网络。

值得注意的是，即使是在电子邮件和万维网等传统协议网络中，也存在协议政变风险。拥有庞大用户群的节点，可以发挥超乎寻常的影响力。Gmail 和 Chrome 浏览器都拥有数十亿用户，这就为谷歌提供了大量"投票权"。[21] 谷歌可以利用这些"投票权"左右电子邮件和万维网的治理，从而使其对自己有利。例如，Gmail 对垃圾邮件的过滤方式，更有利于其他大型电子邮件提供商发送的邮件，从个人或小型企业托管的服务器发送的电子邮件，更容易被标记为垃圾邮件。这只是一个相对小的问题，只会影响电子邮件纯粹主义者。真正的问题是，Gmail 已经被如此广泛应用，如果谷歌愿意，它就能更进一步，比如单方面修改电子邮件协议的核心标准。到目前为止，谷歌还没有尝试这种做法，一部分原因是苹果和微软等其他大公司起到制衡作用，另一部分原因是围绕着电子邮件和万维网已经形成了强大且根深蒂固的社区规范。

新的网络则没有同样的制衡力量和历史规范。当治理是网络拓扑结构的一项功能时，就像在协议网络和联邦网络中一样，被企业网络接管始终是一种风险。社区需要一种既能满足增长需要，又能最大限度地降低协议政变风险的网络架构。在规则没有被明确写入代码的情况下，除了习惯没有其他东西能够阻止独裁者。

区块链作为网络"宪法"

区块链为网络治理提供了一种新方法,使人们能够在软件中编码不可更改的规则。这些规则可以明确网络的治理方式,从而建立信任、提高透明度以及防止被接管。

美国宪法等国家宪法,是一个不错的类比。宪法正式确立了国家治理从个人统治者向成文法的转变。类似地,区块链将网络治理从企业管理转变为成文代码治理。与法律文件一样,软件也可以极具表达力。区块链治理系统是用通用编程语言编写的,几乎能将任何可以用英语写成步骤程序的治理系统编成网络法典——它就是网络的"宪法"。

即使存在区块链,治理形式也可能千差万别。区块链"宪法"可以模仿企业网络,让一个组织全权负责。领导者可以改变任何它想改变的东西,包括算法、经济机制和访问规则等。或者,区块链"宪法"可以像君主立宪制一样限制领导者的权力。区块链"宪法"还可以建立一个没有单一统治者的"共和国",它可以从协议网络中汲取灵感,将费用和控制权设置在最低水平。大多数区块链网络将决策权交给社区,这是一种类似于宪法民主式的治理设计。这些仅仅是广阔的、多维的可能性区间的几个点,任何可以写下来的系统都可以实现。

区块链治理

区块链治理通常有两种模式。一些区块链网络采用所谓的链下治理模式,这种模式与协议网络治理类似,即网络由开发者、用户和其他社区成员组成的联盟共同运行。链下治理的优势在于,它经过了时间的检验，并且从协议网络和开源软件项目中汲取了数十年的经验教训。不利之处在于，与协议网络一样，治理是这种网络架构的功能之一。如果某些节点太受欢迎并且相对于其他节点获得太多权力，它们就有可能接管网络。

许多较新的区块链网络使用链上治理模式，即代币持有者对提议的网络变更进行明确的投票。他们使用投票软件进行投票，该软件允许他们签署与其持有代币相关的区块链动作。当有提案被提出时，这些签名会代表他们的投票方向。区块链网络会自动执行投票结果。如果你依赖于某个网络，你可能会想投上一票。

链上治理中的影响力，通常取决于投票者持有多少代币。将治理从网络架构中剥离出来，可以消除大型软件提供商获得过大影响力的风险。但是，在公开市场上交易代币又会带来新的风险——财力雄厚的参与者可能会获得不成比例的影响力。换句话说，存在财阀统治风险，即大代币持有者可能会控制网络。

降低这种风险的最佳方法是，广泛分发代币。代币所有权应在整个社区中广泛分布，以确保任何投票集团都不会有太大的权力。如第十章所述，这就需要精心设计水龙头。

一些网络还有第二道防线来抵御财阀统治：将投票者分成两组。这种方法类似于美国政府使用的参议院和众议院两院制。在区块链网络中，一个议院可能由基金会选出的德高望重的社区成员组成，而另一个议院可能由代币持有者组成。有些时候，如果基金会议院认为代币议院提出的提案过于自私，它可以否决这些提案。还有些时候，网络会在议院之间划分如技术和财务决策等某些具体职责。

网络	治理机构	治理方法	优点	缺点
协议网络和链下治理的区块链网络	社区	非正式，源自网络架构	变更缓慢，主要限于技术升级	被大型节点接管的风险，行动迟缓
企业网络	公司	法律所有权	快速，单方面决策	不透明，不民主，为公司利益服务
链上治理的区块链网络	社区	正式，通过代币投票	有意设计，对网络变更具有弹性	财阀统治风险——大代币持有者的权力过大

区块链网络通过治理可以修改的程度各不相同。一个极端情况是，任何参与者都可以提议对核心网络代码进行修改。用户在论坛上提交的提案，可以是非正式提案，也可以是附带工作代码的正式提案。如果提案获得了足够的支持度，就会被提交给代币持有者进行投票。一旦提案获得通过，网络将自动实施更新。不需要做任何其他工作。

另一个极端情况是，代币持有者对核心网络代码没有任何控制权。一旦软件上传到区块链上，那就是它了，它是不可改变的。代码会自动运行。这意味着软件的新版本会作为全新网络发布，并与保持无限期激活状态的老版本并存。代币持有者不能篡改代码，这限制了他们的操作范围，并简化了关于网络治理的讨论。代币持有者只能就一些更具体的事项进行投票，比如如何利用代币金库的资源分配来支持软件开发。

这些治理系统都不是完美的，但能将网络治理正规化就是网络设计的一大进步。非正规化治理的问题在于，规则和领导者不可避免地会出现，但其通常是不可捉摸的社会动态的产物，而不是经过深思熟虑的设计的产物。女权主义作家乔·弗里曼（Jo Freeman）称之为"无结构的暴政"。在其1972年发表的同名文章中，她描述了在所谓无领导者的组织内部，如何形成藏污纳垢、无法追责的等级制度。[22] 而当我们制定正式规则时，我们可以对它进行辩论，从中学习经验并改进它。[这也是为什么当科技初创企业尝试"合弄制"（holacracy）和其他无结构的管理方式时，几乎都不会有好结果。]

这就是企业网络相对于协议网络的一个优势。在企业网络中会有一个负责人，此人通常是首席执行官，一般是通过一个旨在挑选优秀领导者并让他们承担责任的程序选出来的。在协议网络和联邦网络中仍然存在规则和领导者，但它们通常是不透明的人际关系的产物，而不是经过深思熟虑，旨在保持权力动态平衡的程序的产物。

网络设计者可以使用区块链创建由代码执行的正式规则。这些规则就像是网络的"宪法"。这些"宪法"的内容有待辩论、争执和实验，但它们的存在本身，也就是将规则刻在不可更改的软件之中，是在之前网络设计中无法实现的一种有意义的进步。现在是对网络治理进行深思熟虑的时候了，因为这个问题影响深远，不能听之任之。

区块链"宪法"能够让用户分享网络控制权，正如可组合性使开发者能够共享对于软件做出的贡献，代币使网络参与者能够成为拥有相关利益的所有者一样。通过这些工具，我们可以构建新一代由社区拥有的网络——数字城市。它们由每一个人共同构建，因此它们服务于每一个人。

第四部分
此时此地

第十二章　计算机文化与赌场文化

> 新涌现的技术本身，既不是好事，也不是坏事。就像钢铁一样，它并无好坏之分。[1]
>
> ——安迪·格鲁夫

在区块链领域存在着两种截然不同的文化。一种文化视区块链为构建新网络的一种方式，这一点在本书中多有阐述。我称其为"计算机文化"，因为它关注的是区块链如何为新的计算运动提供动力。

另一种文化则主要关注投机和赚钱。这种思维模式的人仅仅将区块链看作创造新代币进行交易的工具。我称其为"赌场文化"，因为它本质上就是赌博。

各式媒体报道加剧了对这两种文化的混淆。区块链网络的透明性和代币的全天候可交易性意味着记者、分析师及其他人可以从其大量的公开信息中汲取写作素材。遗憾的是，许多新闻报道几乎只关注价格走势等短期活动，而忽视了基础设施和应用开发等长期主题。财富得失故事充满戏剧性又易于解释，更能吸引眼球。与此相反，技术发展故事则更为复杂且进程缓慢，需要一定的历史背景才能理解。（这也是我撰写本书的一个重要原因。）

赌场文化是有问题的。它断章取义，用营销语言包装代币，且鼓励投机。负责任的代币交易所提供托管、质押和市场流动性等有用的服务，而那些不负责任的交易所则鼓励不良行为，鼓动人们大肆挥霍资金。其中许多代币交易所都是离岸经营，提供杠杆衍生品和其他投机性金融产品。在最糟糕的情况下，它们甚至可能是彻头彻尾的庞氏骗局。赌场文化对赌博的极端痴迷导致诸如巴哈马交易所 FTX 破产等灾难的发生，[2] 这给无辜客户造成了数十亿美元的损失。

除了对人们造成伤害，赌场文化的极端行为还引发了包括监管机构和政策制定者等相关机构与人士对该行业的强烈抵制。[3] 在大多数情况下，监管机构选择忽略更为极端的赌场文化活动，部分是因为这些活动大多在离岸地区进行，它们难以触及。监管机构选择了最近和最容易打击的目标：总部设在美国的科技公司。[4] 这恰恰刺激了更多错误行为。有道德的企业家不敢（在美国境内）开发产品，[5] 此类开发工作越来越多被转移到境外。[6] 与此同时，诈骗者在境外司法管辖区的运营活动大多不受控制，这进一步助长了赌场文化。

一些批评者认为，区块链网络因缺乏监管而受益。这完全不是事实。当设计得当时，金融法规可以保护消费者，协助执法，促进国家利益的发展，同时让负责任的创业者能够开展创新活动和进行实验。美国在 20 世纪 90 年代率先实施了智能互联网法规，使其成为互联网创新的中心。

代币监管

在代币监管领域，最常被讨论的是证券法。金融法规复杂多变，且因司法管辖区域不同而各异，不过证券法及其与代币之间的关系是值得简要讨论的。

证券是全球交易资产的一个子集，投资者依赖一小群人（通常是管理团队）来获得投资回报。证券法旨在通过对证券发行人以及其他证券交易从事方规定信息披露义务等方式，降低这种依赖性带来的风险。这些信息披露旨在限制掌握保密信息的所有市场参与者（包括管理团队）随意摆弄掌握较少信息的市场参与者的能力。换句话说，对于证券这类资产，有些人可以获得某些信息，而其他人则无法触及。

人们最熟悉的证券例子是上市公司股票，比如苹果公司的股票。在苹果公司内部，包括管理团队在内的一群人，可能掌握着对苹果公司股价来说属于至关重要的信息，这些人可能知道诸如下一季度的收益等可能影响股价的信息。此外，供应商和商业竞合伙伴也可能掌握重要的影响苹果股票交易的信息。由于苹果公司的股票在公开市场上自由交易，任何人如果相信苹果公司的管理团队能带来回报，就可以购买苹果公司的股票。他们认为，交易对手不可能掌握影响股价的重要信息。证券法旨在确保苹果公司及时向公众充分披露重要信息，从而减少或消除任何潜在的信息不对称问题。

虽然商品也属于全球交易资产的一个子集，但其监管方式与证券截然不同。人们最熟悉的非证券商品是黄金。像黄金这样的商品的信息并不是均匀分布的，但在大多数情况下，这些信息都是公开可获取的。当然，的确存在一些与黄金相关的公司（如采矿公司），也存在一些擅长预测黄金价格的投资者和分析师。但是，并不存在一群掌握特殊信息的，可以像影响苹果股票价格那样影响黄金价格的人。围绕黄金和其他商品的生态系统已足够去中心化，原则上任何人都可以进行研究，并与其他市场参与者在同一起跑线上进行竞争。

当代币被归类为证券或在证券交易中被出售时，它将受到证券法的约束。这些法律大多制定于20世纪30年代，远早于信息技术革命。运用这些成文法将会引发一系列的问题，使得用户难以甚至不可能直接交易代币。如果不对这些法律进行修改、澄清或缩小其解释范围，那么被归类为证券的代币交易，通常需要通过已注册登记的证券经纪人和交易所等中介进行处理，而这就是一个再中心化的过程，将会破坏去中心化技术的大部分价值和潜力。

代币是数字积木，类似于网站是数字积木的集合。想象一下，如果代币被归类为证券，那么你每次将代币应用于互联网服务时，都必须经历像当前购买股票份额那样的复杂过程。你将不得不先登录你的经纪账户并下单购买代币，而不是直接打开一个社交媒体应用程序并滚动浏览。你想使用这个应用吗？那就先签署文件，然后等待你下的交易订单成交。

归根结底，代币要想发挥其潜力，就不能被当作传统证券并在现有证券法律体系下被监管。这个体系是为一个使用某种模拟工具来代表公司股份凭证的世界而设计的。区块链网络只有在能够提供与现代技术相匹配的、先进的用户体验时，才能与企业网络竞争。过多的桎梏只会扼杀这一新兴技术的生命力。

好消息是，监管者和区块链建设者的根本目标是一致的。证券法试图消除与公开交易证券有关的信息不对称问题，从而最大限度减少市场参与者对管理团队的信任需求。区块链建设者则试图消除集中的经济和治理权架构，从而减少用户对其他网络参与者的信任需求。虽然动机和工具不同，但信息披露制度和网络去中心化的根本目标是一致的：消除信任需求。

监管机构和政策制定者普遍认为，"充分去中心化"区块链网络提供经济动力的代币应被归类为商品，而不是证券。[7]人们普遍认为，比特币已经达到了充分去中心化的门槛。没有任何一群人对比特币的未来价格有超出旁人的了解。因此，比特币被归类为像黄金一样的商品，而不是像苹果股票一样的证券，并且不受烦琐流程的约束。

任何软件项目都是一个或一群创始人从小规模开始做起的。例如，比特币始于中本聪，以太坊有一个核心创始团队。在早期阶段，由于规模小，这些项目都呈现中心化特征。然而到了某个时刻，比特币和以太坊背后的初始开发团队逐渐退居幕后，更广泛的社区成了该项目的驱动势力。其他更多较新的项目正处于去中心化过程的不同阶段，这个过程需要一定的时间。[8]

在现行规则下，创业者在创建区块链网络时所面临的挑战是，虽然在开端和结尾的规则都很明确，但在中间阶段却模糊不清。[9]"充分去中心化"到底指的是什么？最好的指导意见来自互联网时代之前的法规和法院判例。其中最著名的是 1946 年美国最高法院的一个案例，该案例创立了豪威测试，用于判断什么是"投资合同"（证券的另一种说法）。[10]豪威测试由三个要素组成，在应用于数字资产时，它考察数字资产的发行或销售是否涉及以下内容：(1) 金钱投资，(2) 共同参与企业，(3) 合理期望从他人的努力中获取利润。数字资产的发行或销售必须同时满足这三个要素，才能被视为证券交易。

截至 2023 年，美国证券交易委员会（简写为 SEC，美国证券市场的主要监管机构），最近一次就该主题给出实质性指导意见是在 2019 年。[11] 该指导表明，去中心化程度足够高的区块链网络，将无法通过豪威测试第三要素即"他人的努力"部分，因此证券法不适用于其代币。此后，美国证券交易委员会采取了几项执法行动，[12] 声称某些代币交易受证券法约束，但在做出这些行动时并未进一步澄清其判断标准是什么。

将互联网时代之前的法律先例应用于现代网络，会留下灰色地带，在美国，这为不良行为者和不遵守美国规则的非美国公司提供了显著优势。不良行为者走捷径实现去中心化，他们早早发行代币，这促进了其自身的快速发展。与此同时，正直诚信的参与者花费巨资聘请律师，以判定其项目"充分去中心化"，这与那些不这样做的人相比，就形成了竞争劣势。如今的形势非常复杂，以至于监管者本身也未就如何划定界限达成一致。例如，美国证券交易委员会曾表示以太坊代币是一种证券，[13] 但美国商品期货交易委员会（简写为 CFTC，美国商品的主要监管机构）则将其视为商品。[14]

理想情况下，政策制定者和监管机构能够明确区分证券和商品的判定标准，[15] 并为新项目提供一条可以充分去中心化的路径，以便能让它们以商品的身份受到监管。如今，在美国，比特币是去中心化的黄金标准，但就像所有其他发明一样，它一开始也是中心化的。如果在 2009 年就实施了不含去中心化路径的监管，那么比特币可能永远不会被创造出来。没有这样的实现路径，那些在监管实施之前发展起来的旧技术将被允许存在，但新技术将被封锁。实际上，这将武断地限制未来的创新。

应该指出的是，无论是证券还是商品等可交易资产，都适用于一系列法规。例如，对任何可交易资产而言，垄断市场或操纵价格都是非法的。消费者保护法也禁止虚假广告和其他误导行为。所有人都同意这些规则应当适用于数字资产，就像它们适用于传统资产一样。争论的焦点通常集中在更具体的问题上，比如数字资产何时应遵循为传统上被归类为证券的资产所制定的额外规则。

所有权与市场密不可分

一些政策制定者提出了相关规则，这些规则将有效禁止代币，[16] 进而会禁止区块链网络。如果代币纯粹是为了投机而存在，那么这些提议或许是合理的。但是，正如我在这里所论述的，代币的真正用途是作为关键工具来支撑社区拥有网络，投机只是代币的一个副作用而已。

因为代币可以像所有可拥有的东西一样进行交易，所以很容易被人们视为纯粹的金融资产。然而，设计合理的代币其实具有特定用途，包括作为原生代币刺激网络发展和推动虚拟经济。代币并不是区块链网络中的小摆设，也不是可以轻易剥离和丢弃的无用部分。相反，它是区块链网络中不可或缺的核心元素。除非社区拥有代币，否则社区所有权是无法实现的。

有时人们会问，有没有可能在获得区块链网络益处的同时，通过法律或技术手段禁止代币交易，从而消除任何投机迹象。但要知道，一旦禁止了买卖行为，实质上也就剥夺了所有权。即使是如版权和知识产权等无形资产，其所有者也有权自行决定是否进行买卖。没有交易就意味着没有真正的所有权，两者是相辅相成的。

禁止代币交易还会影响区块链的有效运用。区块链网络需要代币激励机制来推动验证者运行网络节点，而运行这些节点是需要花费一定成本的。与企业网络通过募资、股票期权和经营收入来支持其运营和发展不同，区块链网络依赖代币来筹集运营和发展所需的资金。如果代币没有相应的市场及交易价格，那么用户就无法购买代币来访问网络。他们也无法将代币兑换成美元或其他货币，这就很难以至于不可能使用代币来激励网络参与者，这一点在第九章和第十章中都有所提及。迄今为止，我们还没有发现可以在没有代币和代币交易的情况下设计无须许可区块链网络的方法。如果有人声称可以做到这一点，那就请你对此持怀疑态度。

一个有趣的问题是，是否存在一个既能压制赌场文化又能鼓励计算机文化的混合方法。有一种提议是，在新的区块链网络首次发布后的某个固定时间段内，或在达到某个里程碑目标之前，应该禁止代币转售。代币仍然可以作为促进网络发展的激励手段，但在交易限制被解除之前，代币持有者可能需要等待数年时间，或是等到网络达到一定门槛。

时间跨度可以非常有效地将人们的积极性与更广泛的社会效益结合在一起。回顾之前描述过的技术周期，先是早期的炒作阶段，接着是泡沫崩溃，然后是进入"长期的生产力增长期"。长期限制将迫使代币持有者经受住炒作及其后果，并鼓励他们通过促进生产力增长来实现长期价值。

一些区块链网络正在自我施加此类限制，美国和其他地方也提出了立法提案，要求强制实施临时代币限制。这将允许区块链网络使用代币激励作为与企业网络竞争的工具，并鼓励代币持有者专注于创造长期价值而非短期炒作。里程碑目标还可以与"充分去中心化"的监管目标相挂钩，以满足证券和其他监管体系的要求。

需要明确的是，该行业的确需要进一步的监管，但这种监管应侧重于实现政策目标，如惩戒不良行为者、保护消费者、维护市场稳定以及鼓励负责任的创新。这事关重大。正如我在此所论述的，区块链网络是目前已知的唯一能够重建开放、大众自主互联网的技术。

有限责任公司：一个监管成功的案例

历史表明，明智的监管可以促进创新。直到19世纪中叶，占主导地位的企业架构是合伙制。[17] 在合伙企业中，所有股东都是合伙人，并对企业行为承担全部责任。如果公司出现财务损失或造成非财务损害，责任就会穿透公司的保护罩而直接落到股东身上。试想一下，如果像IBM和通用电气诸多上市公司的股东，要为公司所犯的错误承担个人责任而不仅限于其投资的资金，那么很少有人会愿意购买股票，这会使得公司筹集资金变得异常困难。

早在19世纪初，有限责任公司确实存在，[18] 但非常罕见。成立有限责任公司需要特殊的立法，因此，几乎所有的商业企业都是家庭成员或亲密朋友等彼此深信不疑的合伙人之间紧密合作的结果。

这种情况在19世纪30年代的铁路热潮及随后的工业化时期发生了变化。铁路和其他重工业需要大量的前期资本——这超出了小团体力所能及的范围，即使这些团体非常富有——需要新的、更广泛的资金来源，来为世界经济的转型提供资金。

正如你所预料的，这场变革引发了争议。立法者面临着将有限责任作为新公司标准的压力。同时，怀疑论者认为，扩大有限责任将会鼓励鲁莽行为，实际上是将风险从股东转移给了客户和社会大众。

最终，各派达成共识。工业界和立法者达成合理的妥协方案，制定了法律框架，使有限责任成为新的标准。这也促成股票和债券等公共资本市场的诞生。这些创新创造了巨大的财富和奇迹。我们看到，技术创新推动了监管的务实变革。[19]

参与分享经济权益的历史是一部由技术和法律进步相结合带来的日益包容的历史。合伙制下的股东数量有几十个。有限责任架构极大扩展了所有权范围，以至于今天的上市公司普遍拥有数百万名股东。区块链网络通过空投、赠款和贡献者奖励等机制，再次扩大了所有者圈子。未来网络可以拥有数十亿名所有者。

正如工业时代的企业有新的组织需求一样，今天网络时代的企业也有类似的需求。企业网络将旧的法律结构（如 C 型公司、有限责任公司等），附加到新的网络架构上。这种不匹配是企业网络存在诸多问题的根源，包括它不可避免地从吸引模式转向榨取模式，以及将众多贡献者排除在网络之外。为了能让人们充分协调、合作、协作和竞争，这个世界需要新的、数字化的原生工具。

区块链为网络提供了一种合理的组织结构，代币则是天然的资产类别。政策制定者和行业领导者可以像他们的前辈为有限责任公司所做的那样，共同努力为区块链网络找到正确的行为规则。这些规则应当允许和鼓励去中心化，而不是像公司实体那样默认实施中心化的治理方式。在鼓励发展计算机文化同时遏制赌场文化的道路上，我们还有很多事情要做。希望聪明的监管者能够鼓励创新，让创始人专注于他们最擅长的事情——创造未来。

赌场文化不应拖累计算机文化的发展。

第五部分

未来展望

第十三章　iPhone 时代：从孵化到成长

> 未来不是预测出来的，而是创造出来的。[1]
>
> ——亚瑟·查理斯·克拉克

新型计算平台从原型到主流应用可能需要数年甚至数十年的时间，个人电脑、手机和虚拟现实头戴设备等基于硬件的计算机是如此，区块链和人工智能系统等基于软件的虚拟计算机也是如此。经历了无数次失败后，总会有人发布一款突破性的产品，从而开启一段极具潜力的指数增长期。

个人电脑行业遵循了这一模式。1974 年，全球首台个人电脑 Altair 面世，[2] 但直到 1981 年 IBM 个人电脑的发布才真正拉开该行业增长的序幕。[3] 即使如此，当时的个人电脑主要被电脑发烧友用来制作游戏和进行黑客攻击。当时的计算机公司认为，个人电脑是价格过高的玩具，因为它不能为那些需要高端机器的客户解决问题。但后来随着个人电脑开发者开发出文字处理器和电子表格等应用软件，[4] 该市场立刻火爆起来。

互联网的发展亦是如此。其孵化阶段发生在 20 世纪 80 年代和 90 年代初，[5] 当时互联网是学术界和政府部门使用的基于文本的工具。之后，随着 1993 年 Mosaic 网络浏览器的发布以及随之而来的商业化浪潮，[6] 互联网进入快速成长阶段并一直持续至今。

到目前为止,人工智能的酝酿期是迄今为止所有计算运动中最长的。研究人员沃伦·麦卡洛克(Warren McCulloch)和沃尔特·皮茨(Walter Pitts),[7] 在 1943 年的一篇论文中提出神经网络的概念,这是现代人工智能的核心模型。7 年后,阿兰·图灵撰写了一篇著名论文,[8] 概述了现在人们所说的图灵测试,即真正聪明的人工智能能够以与人类无异的方式回答问题。在经历了多次所谓"寒冬"与"酷暑"起伏周期、多轮投资方来来去去之后,人工智能似乎正成为主流,而这距离其概念的形成已有 80 余年。图形处理器(GPU)的发展,是人工智能进步的主要原因之一。[9] GPU 是支持神经网络技术的特殊计算机芯片,其性能一直在以指数级速度提升,使得神经网络能够扩展到万亿级参数。这是人工智能系统智能化的关键驱动力。

彼时,我是一名创业者并刚刚开始做兼职投资人。大约在 2007 年 iPhone 首次亮相时,每个人都在谈论移动计算。我和朋友们开始探索潜在的移动应用,每个人都想知道什么才有可能是"杀手级应用"。最近的历史提供了一条线索。可以肯定的是,一些在个人电脑上已经很火热的应用程序,很可能会移植到移动设备上。毫无疑问,购物和社交网络将会继续火热。这些移动应用将是模拟现实世界的应用,它们能将现有活动做得更好。

另一条线索来自移动设备的新特性。杀手级应用很可能会利用这些独特的特性。iPhone 有很多个人电脑没有的特性:它始终与你在一起,它拥有 GPS 传感器和内置摄像头。这是以前无法实现的全新特性,这使得原生应用成为可能。

回顾过去,最热门的移动应用都紧密遵循了这一模式。突破性的应用利用手机的独特功能，同时也重新定义了流行活动。照片墙和抖音是依靠摄像头的社交网络应用，优步和DoorDash（一个外卖送餐服务平台）是依赖GPS的按需配送服务应用，WhatsApp和Snapchat则是依赖设备始终与你同在的即时通信应用。

2007年，关于移动领域的大问题是，什么样的移动应用是最重要的。如今，关于区块链领域的大问题则变成了，什么样的区块链网络是最重要的。区块链基础设施最近才成熟到足以支持互联网规模级别的应用。现在，该行业可能已接近孵化阶段的尾声，即将步入成长阶段。现在是提出这个问题的好时机：杀手级区块链网络会是什么样子的？

一些区块链网络是模仿性的（模拟现实世界），它们做以前可以做的事但往往做得更好。社交网络显然是一个理想的选择。它们是人们花费时间最多的地方，影响着数十亿用户的想法和行为，也是创作者的主要经济来源。区块链可以通过创建社交网络，来消除当今企业网络的高费率和各项任性规则。

另一类重要的模仿应用可能是金融网络。汇款应该像发送短信一样简单，现实却并不如此。改善支付方式是一个集体行动问题，而区块链非常适合解决这一问题。基于区块链的支付系统可以降低费用，减少摩擦，并启发新应用类别的出现。

此外，还会出现一些新的重要的原生区块链网络，可以执行以前无法完成的任务。我预计，其中有许多会涉及媒体和创意活动。其他原生应用将与人工智能和虚拟现实等新兴领域产生交集，我将在下文详细讨论。

不可避免地，最终将会有一些这里没有谈及的应用类别变得非常重要。开创未来的企业家和开发者，总是比纸上谈兵的预测更胜一筹。尽管如此，我还是尝试就"读，写，拥有"时代可能会出现的流行区块链网络做出一些有根据的猜测。这份清单并非详尽无遗。希望它能激发你去思考。

第十四章　一些前景广阔的应用

社交网络：数百万个有利可图的细分市场

2008 年的一篇经典文章《1000 名铁杆粉丝》（1000 *Ture Fans*）中，[1]《连线》杂志创始人凯文·凯利预测，互联网将改变创意活动的经济利益模式。他认为，互联网是终极匹配者，使得在 21 世纪赞助创意的行为非常普遍。无论多么小众，创作者都能找到自己真正的粉丝，而这些粉丝会支持他们成功：

> 要成为一名成功的创作者，你不需要数百万人的支持。你不需要数百万美元，也不需要数百万顾客、用户或粉丝。作为一名手工艺人、摄影师、音乐家、设计师、作家、动画师、应用程序开发者、企业家或发明家，你只需要几千个忠实粉丝就能维持生计。
>
> 忠实粉丝是指会购买你一切产品的支持者。这些铁杆粉丝会驱车数百公里给你捧场，他们会购买你的精装书、平装书和有声书，他们会在未见到实物的情况下购买你的下一个公仔或小雕像，他们会花钱购买你免费优兔频道上的"精

华"版DVD，他们会每月光临你的主厨餐厅。

遗憾的是，凯利的愿景并未完全实现。现实情况是，如今的创作者通常都需要数百万粉丝或至少数十万粉丝才能养活自己。成为人们主要连接方式的企业网络，挡在了创作者和受众的中间，抽走了价值。

社交网络可能是当今互联网上最重要的网络。除对经济权益的影响之外，它对人们的生活也有巨大的影响。在美国，互联网用户平均每天在社交网络上花费两个半小时，[2] 社交网络是仅次于发送短信的最受欢迎的线上活动。

主流社交网络的设计导致相应的问题。强大的网络效应将用户锁定在大型科技公司的掌控之中，这种锁定导致高抽成率。我们很难准确地知道许多大型企业网络收取的抽成率，因为它们的条款极其含糊不清，但合理估计它们大约抽取99%的费用。在美国，五大社交网络——脸书、照片墙、优兔、抖音和推特——每年的总收入约为1 500亿美元，这意味着这些网络向用户支付的金额大约为200亿美元，其中绝大部分来自优兔。

企业网络之所以能够胜出，是因为它比RSS等协议网络更容易让人们建立联系。但这并不意味着企业网络是人们连接的唯一可选方式，也不一定是最佳方式。当今世界的另一种选择是去中心化的、社区拥有的社交网络，这意味着社交网络要么基于协议架构，要么基于区块链架构进行构建。这将为用户、创作者和开发者带来有意义的经济效益，并能达成凯利对于互联网赞助的美好愿景。

为了解不同网络设计的效果，让我们来进行一些粗略计算。

协议网络的抽成率实际上为零。有时，某些公司还会在这些网络之上构建应用程序，提供便捷的访问和其他功能。Substack 就为电子邮件通信提供这种服务，并收取大约 10% 的费用。（与其他尊重所有权的市场一样，Substack 的抽成率保持在较低水平。在这里，用户拥有自己的电子邮件订阅者名单，他们可以随时导出名单并将其加载到竞争对手的电子邮件服务中。）

假设全美前五大社交网络也收取类似的费用。如果它们的抽成率都是 10%，那么它们在每年 1 500 亿美元的收入中拿走的利润，将从 1 300 亿美元下降到 150 亿美元。这将为创作者等网络参与者每年带来额外的 1 150 亿美元收入。这将改变多少人的生活呢？以美国人平均年薪 5.9 万美元计算，[3] 这额外的 1 150 亿美元收入几乎可以资助 200 万人就业。这只是一个粗略估计，但数字显然非常庞大。

低费率具有乘数效应。越多的钱流向网络边缘节点，就有越多的人可以达到全职从事创造性工作的收入水平。大多数社交网络上将创作者和用户划分为两极的阶层体系，将变得可相互渗透。随着越来越多的用户可以建立起一个可持续发展的传媒企业，社会阶层固化的困境将得以缓解。同时，全职工作将产生更高质量的内容供他人消费，吸引更多受众，在整个网络中产生更多收入。

对创作者而言，更有利的经济模式将形成良性循环。数以百万计的人全职从事创意性活动，为所有人提升了网络质量。社交网络应该是一个聊天和分享流行文化元素的地方，但它也应该为更长时间的内容创作提供动力：撰写文章、开发游戏、制作电影、创作音乐、录制播客等。这些活动需要投入时间、金钱和精力。为了让互联网成为深度创造力的助推器，它需要一个更强大的经济引擎。创造新的就业机会不仅仅是一件好事，更是必要的。随着人工智能等新技术使工作越来越自动化，社交网络可以成为补充人们职业机会的平衡力量。

去中心化的社交网络，对用户和软件开发者更有好处。企业网络的高费率、反复无常的规则和平台风险，让开发者望而却步。相比之下，去中心化的网络鼓励投资和建设。随着越来越多的工具被开发，用户可以选择更多样化的软件和功能。选择驱动竞争，从而带来更好的用户体验。不喜欢客户端的帖子排序、垃圾邮件过滤方式或追踪个人数据的方式？那就换一个。没有什么会阻碍你，你也不会失去你的社交连接。

这在理论上听起来很不错，但实际问题是，在社交网络演变到现状的今天，我们有没有可能成功建立一个真正的去中心化社交网络。偶尔，用户会意识到当今平台存在的问题，他们往往在发生了诸如平台封禁、规则变更、公司所有者更换、数据隐私泄露或法律丑闻等事件之后，逃向某个新兴的社交网络。但反社区的社交网络通常不会持续太久，持久的社交网络是建立在友谊和共同利益基础之上的，而不是在愤怒之上。

社交网络的价值主张必须与企业网络的用户体验完全一致，并具有更好的经济模式。企业社交网络之所以成功，是因为它让人们很容易建立联系。现在设计让连接变得同样简单的去中心化社交网络，还为时不晚。像 RSS 这样的协议社交网络曾是一个良好的起点样板，但它失败了，因为它缺乏竞争对手企业网络的功能和资金支持。区块链网络可以解决这两个问题。现在，我们有史以来第一次可以建立兼具协议网络社会效益和企业网络竞争优势的网络。事实上，时机恰到好处：区块链最近才变得足够强大，足以支持社交网络。

如今，一批区块链项目正在挑战社交网络行业现状。每个项目都以独特的方式设计，但共同点是它们都克服了导致 RSS 失败的弱点。最佳设计通过代币金库（类似于企业金库）为软件开发商提供资金，并为用户名注册和托管费提供补贴。在功能方面，区块链网络的核心基础设施提供了集中的可支持全球应用的基本服务，使整个网络的搜索和关注变得易操作，这避免了协议网络和联邦网络中的分区所造成的用户体验不佳的问题（如第十一章的"联邦网络"部分所述）。

关键的市场挑战在于，如何启动网络效应。一种策略是从供应方入手，因为供应方承受着企业网络高费率带来的最大痛苦。用户可能没有意识到他们因参与企业网络所放弃的价值有多大，而创作者和软件开发者却非常关心他们能赚多少钱。提供一个可预测的平台，让他们从自己创造的价值中获得更大份额，将是一个极具吸引力的提议。如果最好的内容和软件只能在另一个平台上获得，那么网络的需求方（也就是用户，其中有许多是被动消费者）很可能会去寻找这个平台。这些用户可以参与分享区块链网络的经济利益和治理权，这是他们以前被排除在外的特权，这进一步增加了他们进行切换的动力。

从狭窄而深入的细分市场入手，可以帮助新的社交网络渡过最初的难关。针对有着共同兴趣的群体进行传播，比如对新技术或新媒体类型感兴趣的人，是培育社区种子用户的一种方式。最有价值的用户，很可能是那些在其他地方还没有大批追随者的新兴创作者。当优兔刚起步时，它并没有从电视或其他传媒平台吸引创作者。新的明星随着平台的崛起而崛起，这就是原生思维超越模仿思维之所在。

对创意人士来说，今天所在的世界可能是一个黄金时代：创作者只需轻轻点击，其作品就能立即呈现给全球数十亿人。他们几乎可以在全球任何地方找到粉丝、评论家与合作者，但他们大多不得不通过吞噬了数百亿美元资金的企业网络发布内容，而这些巨额资金原本可以用来支持更加丰富多样的内容创作。早期的去中心化的社交网络尝试虽然高尚，但就像 RSS 一样无法立足，试想一下，我们因此而错过了多少创造力？

我们可以做得更好。互联网应该成为人类创造力和原创性的加速器，而不是抑制器。区块链网络所能支持的数百万个有利可图的细分市场，让这一愿景成为可能。通过更公平的收益分配，更多用户将找到他们真正的使命，更多创作者也将触达他们真正的粉丝。

游戏与元宇宙：谁将拥有虚拟世界

《头号玩家》是一本关于"元宇宙"的畅销书，其情节围绕一场比赛展开，看谁能控制书中构建的三维虚拟世界——绿洲（OASIS）。我不会剧透谁赢得了比赛，但真正的问题不在于谁赢，而在于一个人可以完全控制那个虚拟世界。

《头号玩家》建立在科幻小说的传统之上，这一传统在很大程度上归功于科幻作家尼尔·斯蒂芬森（Neal Stephenson）在 1992 年出版的小说《雪崩》中创造的"元宇宙"一词。[4] 在史蒂芬森写作的年代，3D 多人游戏画面简单且只支持少数玩家之间的互动。显然，自那时以来，技术已经取得了长足的进步。如今，游戏画面可与好莱坞电影相媲美，成百上千的玩家可以在同一个虚拟世界中互动，游戏的受众数以亿计。像《堡垒之夜》和《罗布乐思》之类的电子游戏，是我们今天最接近"绿洲"这样完整虚拟世界的游戏。

我们几乎可以预见未来的发展方向。不久的将来，数字世界将拥有栩栩如生的逼真图形，让成千上万甚至上百万人一起游戏其间。玩家群体将继续扩大，人们在游戏世界中花费的时间也将更多。高质量的虚拟现实头戴设备将会更加普及，提供物理反馈的触觉接口将使体验更加逼真。人工智能将创造出丰富的角色、世界和其他内容，所有趋势都指向这一方向。

随着虚拟体验质量的提升，数字互动将逐渐延伸到现实世界中。你可能会在"虚拟"现实中结识朋友、邂逅未来的伴侣或找到新工作。随着越来越多的经济活动转移到网络上，更多的工作将会仅存在于网络世界中。工作和娱乐之间的界限将变得模糊。数字世界中发生的事情将对现实世界产生影响和意义，反之亦然。同样的模式也出现在社交网络中，推特最初只是用来分享日常生活，现在却几乎成为全球政治中心。有些看起来像玩具的东西仍然会是玩具，而有些却会成为更加重要的存在。

随着"元宇宙"愿景的实现，一个核心问题是，如何设计这些世界，以及以何种架构为基础来支撑这个世界。当今最流行的电子游戏采用的是企业网络工作模式。玩家通过游戏开发工作室控制的虚拟世界连接彼此。许多这类游戏经济体都有数字货币和虚拟商品，但它们都是集中管理且费率高，创业者的商机有限。

企业模式的替代方案是，基于协议网络或区块链网络的开放模式。《堡垒之夜》和流行游戏引擎虚幻（Unreal）的制造商 Epic 创始人蒂姆·斯维尼（Tim Sweeney），将他的开放元宇宙愿景描

述为协议网络和区块链网络两者的结合体:[5]

> 我们需要一些东西。我们需要一种代表三维世界的文件格式……这些可以用作表达 3D 内容的标准格式。你需要一个用于交换的协议,这可以是 HTTPS 或类似星际文件系统(InterPlanetary File System)的东西。它是去中心化的,对所有人都开放。你需要一种安全的履行商务交易的手段,这可能是区块链。你还需要一种实时协议来发送和接收他人在世界中的位置和面部动作……
>
> 我们或许还需要几次迭代就能拥有组装元宇宙的剩余组件。它们都很相似,可以找出共同点并加以标准化,就像 HTTP 被标准化以构建网络一样。

斯维尼的愿景是正确的,但他还可以进一步拓宽其开放性,将区块链仅仅局限在商业领域是一种模仿思维。区块链是计算机,能够运行任意软件。开放元宇宙的最强形式是区块链网络组合在一起的集合,每个网络都能满足斯维尼所描述的一种需求,它们之间可以互操作,形成一个元网络。这可以从一个初始的核心区块链网络开始,然后扩展到由相互连接的网络组成的整体——整个系统由其组成部分构成,是自下而上构建而成的。

这并不需要太多的技术规格。代表虚拟货币的同质化代币和代表虚拟商品的 NFT 可以自由地在网络中流通。有些 NFT 是"灵魂绑定"(不可转让)的,代表的是一种特殊成就或是永远与获得它的人绑定在一起的物品。有些 NFT 是可以交易的商品,比如可以买卖的虚拟服装或"皮肤"。还有一些 NFT 则兼具两者特性,其中有些功能可以交易，有些则不可交易，如一个虚拟角色的经验值在转让时会被重置。

游戏设计师将拥有广阔的设计空间。他们将在底层区块链网络之上构建应用程序，但仍可使用当今游戏设计师熟悉的所有工具。他们还将获得新的设计元素，如持续、可转让的所有权和跨网络的经济受益权。

支付给区块链网络的费用可以覆盖开发成本。在区块链网络中，费率应该很低，但由创业精神驱动的更庞大的经济总量可以弥补这一点。创作者可以开店出售自己的产品，并保留大部分的收入。投资者知道收入上升空间不会被限制，因此会有动力资助在网络之上构建业务的创业者。区块链网络的互操作性和可组合性意味着，用户可以在不同游戏和应用程序之间自由切换，也可以从一个网络迁移到另一个网络，从而在网络之间也形成竞争。数字产权将由持久的、由区块链强制执行的规则来保障。治理和管理将由社区负责。

在企业网络中，跨网络互操作性往往被认为是一种负担。但区块链颠覆了这一逻辑，使跨网络互操作性成为驱动增长的工具。如果一个网络建立了代币持有者社区，那么另一个网络就可以通过在其应用程序中支持使用前者网络的代币，来激励该社区成为自己的参与者。因此，用户在一款游戏中花费数年时间收集的刀剑和药水，不会因停止游戏而被白白浪费。玩家可以将其转移到新的游戏中继续使用。也许画面和玩法不同，但物品和核心属性仍然存在。

只要像这样的协议网络能够帮助建立一个元宇宙，我就对此表示欢迎。但正如斯维尼所指出的，仍需要构建许多协议网络目前无法提供的功能。如果协议网络或区块链网络等开放系统不介入并填补该空白,那么企业网络就会介入,世界最终就会沦为《头号玩家》所描绘的反乌托邦之中。

NFT:丰裕时代的稀缺价值

复制是互联网的一项核心活动。当人们在网上创作时,信息会从他们的设备复制到服务器,然后再传回给读者。从点赞、发帖到转发,人们的几乎每一个行为都会产生副本。这些副本生成过程免费且异常顺畅,这产生了大量的视频、表情包、游戏、信息、帖子等。

对创作者来说,复制既是好事也是坏事。一方面,它让创意作品能够触达广泛的受众。另一方面,媒体作品的丰富性也加剧了对人们注意力的激烈竞争。尽管网络会对这些信息进行筛选和裁剪,但流入的信息量远远超出任何人的承载能力。好消息是,你可以立即触达50亿人;坏消息是,其他人也可以。

传统的传媒企业依靠稀缺性来赚钱。在互联网之前的世界,如图书和CD等媒体作品是有限的。由于生产数量有限,人们必须去寻找并购买实体商品。但在数字世界,自由流动且内容丰富的信息是常态存在的。许多媒体企业通过设置付费订阅和版权保护等限制,来维护自身利益。你需要付费才能阅读《纽约时报》的文章,才能在声田上听音乐。(盗版媒体作品显然是非法的,而且随着合法替代品如雨后春笋般地涌现,盗版媒体的吸引力也越来越小。)

稀缺性确实可以将注意力转化为金钱,但这也阻碍了传媒公司从互联网这台超级复制机中获益。在争夺注意力的战争中,不通畅就会减小内容作品的生存机会，如受限制的内容不能像公开内容那样容易被分享或被重新混合。这就是我所说的注意力货币化困境——媒体创作者在注意力最大化和金钱最大化之间面临的权衡取舍。

电子游戏行业在应对这一困境方面，远远领先于其他传媒行业。游戏寿命往往很短，必须适应不断变化的技术和趋势。像《麦登橄榄球》和《使命召唤》这样一些长期存在的游戏是个例外，其他大多数游戏都是昙花一现。这个行业变化莫测、竞争激烈，从业者乐于尝试新事物，这些持续运营的成功公司也不断努力拥抱新技术和新商业模式。电子游戏工作室所吸取的经验教训也同样适用于其他形式的媒体，只是它们更早学到了。

多年以前，电子游戏工作室的盈利方式几乎与所有传媒企业的盈利方式相同。人们都需要支付一笔通常约为 50 美元的一次性费用来购买游戏（无论是实体 CD，还是数字下载的形式）。随着互联网的出现，利用互联网原生功能的新游戏模式，如大型多人在线角色扮演游戏和大逃杀射击游戏等应运而生。流媒体等新业态和虚拟商品销售等新商业模式，开始流行起来。

在游戏工作室的尝试过程中，它们发现并意识到可以通过免费游戏赚更多钱。[6] 将唯一的收入来源免费赠送给别人是一个大胆的举动，但它们成功了。

在互联网发展初期，游戏设计者会免费提供几个关卡，然后对完整游戏收费。[7] 到了 21 世纪 10 年代，他们将这一想法进一步发扬光大——免费提供完整游戏，只对附加组件收费。如今，包括《堡垒之夜》、《英雄联盟》和《部落冲突：皇室战争》在内的最复杂的游戏，都通过出售虚拟商品来赚钱，[8] 而这些虚拟商品通常不会让玩家在游戏中表现更出色。这些商品大多是装饰性的，比如角色的新服装或动画。（"花钱买赢"行为通常会遭到玩家的抵制。）[9]

电子游戏成功解决了注意力货币化的难题。游戏免费意味着游戏及其所有衍生作品，包括视频、表情包等可以在互联网上自由传播。因此，与游戏相关的内容已成为社交媒体始终热门的话题类别。最大的游戏发布通常比最大的电影发布带来更高的销售额（这一趋势在新冠疫情期间得到了加强[10]）。[11]2022年，游戏产业在全球范围内创造了约1 800亿美元的收入，是全球电影票房收入的7倍。[12]曾经是小众爱好的电子游戏，如今已成为大众娱乐。

游戏产业的精明还体现在其对待流媒体的态度上。在Twitch等网站，用户可以观看玩家的直播视频，同时玩家也可以与观众互动——这是一种结合了体育比赛和脱口秀的交叉体验。从法律上讲，该行业很容易打击流媒体。当游戏流媒体在21世纪初兴起时，一些公司尤其是任天堂对其进行了打击。[13]但如今，几乎所有的游戏公司都鼓励直播，因为整个行业都意识到，所获得的注意力远远超过货币化的损失。

游戏工作室很聪明，它们以更广阔的视角看待自己的产品，将其视为包括游戏、流媒体和虚拟商品在内的捆绑包。通过不断尝试，它们发现了免费和付费元素的最佳组合，从而优化注意力和货币化之间的均衡。在这个过程中，它们创造了一个新的、稀缺的价值层。因此，游戏本身从付费变为免费，同时增加了流媒体（免费）和虚拟商品（付费）等新的层次。游戏工作室的收入缩小了一部分，但同时在其他收入上找到了增长点。

与电子游戏行业形成鲜明对比的是，音乐行业对互联网崛起的反应则是，浪费时间向创新者发起诉讼。[14] 音乐公司将更多的精力放在保护现有业务上，[15] 而不是积极探索新业务。在经历了长时间的拖延和无谓的抵抗之后，唱片公司才勉强接受了渐进式的变革，比如允许声田等流媒体服务商在其订阅套餐中使用它们的内容。但它们对这种改变并不满意。

这种抵抗和不满情绪一直持续到了今天。当音乐初创公司试图寻找新方法来解决注意力货币化困境时，唱片公司往往会以法律诉讼相威胁。这些威胁抑制了尝试和创新。即使有与音乐相关的新技术产品，一般也只是以前产品的微小改动版。新颖的尝试常被认为风险太大且成本高昂。

这种影响是显而易见的。每年都会有数百家电子游戏初创公司成立，但与音乐相关的初创公司却寥寥无几。这是因为创业者希望把时间花在发明新事物上，而不是应对无休止的法律诉讼。投资者也吸取了教训，他们很少投资于与音乐相关的初创公司。[16]

这两种截然不同的策略所带来的结果并不令人意外。正如下页图所示，在过去的30年里，电子游戏产业的收入远超音乐产业的收入。游戏行业通过拥抱每一次新技术浪潮发展壮大，而音乐行业则因诉讼策略而阻碍了自身的发展。

电子游戏没有什么特别之处，并不比其他形式的媒体作品更容易实现货币化变现。人们热爱电子游戏，同时也热爱音乐、图书、电影、播客和数字艺术。其他这些创意产业仅仅尝试了较少的新商业模式，但人们制作和聆听音乐的热情一如既往。问题不在于供需，而在于供需之间那个需要被打破的商业模式。

虚拟商品为电子游戏带来变革，NFT 也能为其他形式的互联

产业收入（剔除通货膨胀影响）

音乐，自1990年以来减少36%[①]

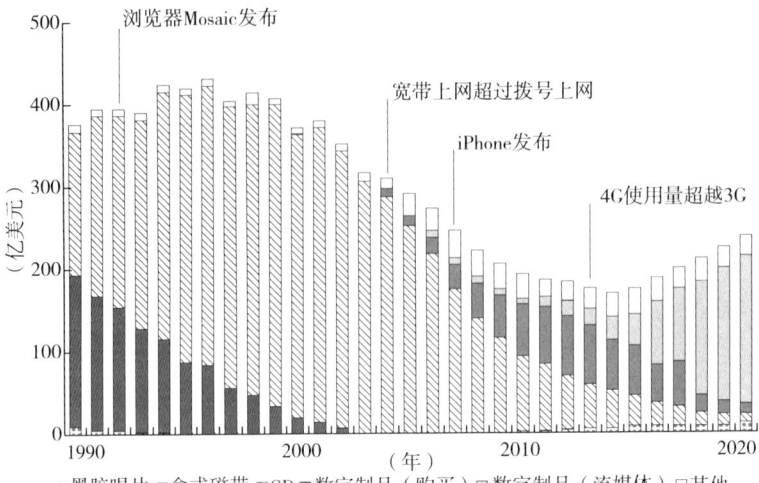

[图：1990—2020年音乐产业收入柱状图，标注"浏览器Mosaic发布""宽带上网超过拨号上网""iPhone发布""4G使用量超越3G"等事件。图例：黑胶唱片、盒式磁带、CD、数字制品（购买）、数字制品（流媒体）、其他]

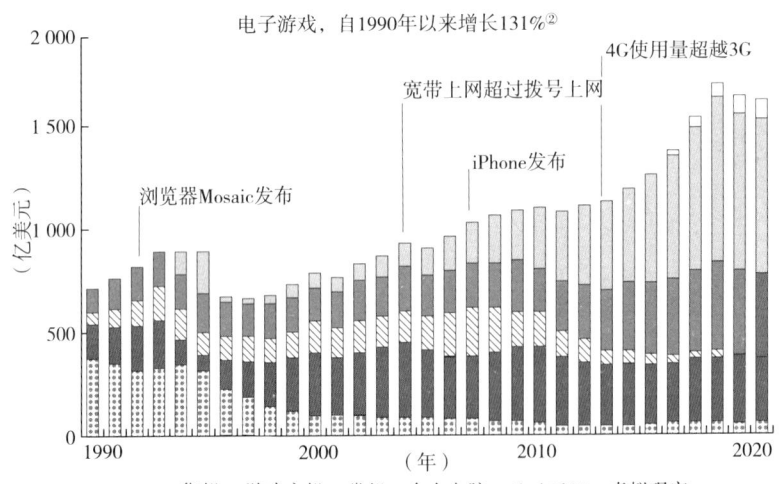

电子游戏，自1990年以来增长131%[②]

[图：1990—2020年电子游戏产业收入柱状图，标注"浏览器Mosaic发布""宽带上网超过拨号上网""iPhone发布""4G使用量超越3G"等事件。图例：街机、游戏主机、掌机、个人电脑、移动手机、虚拟现实]

注：图中的全球音乐行业收入数据是根据美国的数据推算出的。

①资料来源：The Recording Industry Association of America, "U. S. Music Revenue Database," Sept. 1, 2023, www.riaa.com/u-s-sales-database/.

②资料来源：Yuji Nakamura, "Peak Video Game? Top Analyst Sees Industry Slumping in 2019," *Bloomberg*, Jan. 23, 2019, www.bloomberg.com/news/articles/2019-01-23/peak-video-game-top-analyst-sees-industry-slumping-in-2019.

网媒体带来改变。NFT 创造了一个新的价值层——数字所有权，这是以前所不存在的。

人们为什么要为数字所有权付费？原因有很多，但其中一个原因与人们购买艺术品、收藏玩具和古董手袋的原因相同：与商品背后的理念和故事有情感连接。购买 NFT 就像购买一个品牌的官方产品，或艺术家亲笔签名的艺术品副本。NFT 通过不可篡改的签名记录将你与品牌、艺术家或创作者以及收藏家社区紧密连接在一起。你越多复制、混编和分享某个艺术品，其知名度就越高，创作者和社区之间的联系也就越有价值。

但 NFT 不仅仅是艺术品，它是代表所有权的通用凭证。这意味着你也可以设计 NFT，使其价值超越所购买的官方或签名作品本身。一种流行的 NFT 设计，赋予所有者幕后访问权或私域社群的会员资格。NFT 还可以赋予投票权，使人们能够引导叙事世界中角色和故事的创作方向。（更多内容参见下一节"合作编写故事：释放梦幻好莱坞的想象力"。）

怀疑者有时会认为，NFT 将限制媒体作品的共享。事实上，NFT 为放松限制提供了动力。复制和混编通常会提高 NFT 的价值，就像电子游戏中更多的玩家会提高虚拟物品的价值一样。实体艺术品也会有同样的效果。所有者和艺术家都能从复制中获益，因为随着艺术品被更广泛地传播，原始版本的价值也会随之增长。在极端情况下，一件艺术品比如《蒙娜丽莎》已经成为一个广泛复制和广为人知的文化符号。

艺术品通常不附带版权。当你购买一幅画时，你通常购买的是实物以及使用和展示它的许可，而不是它的版权。价值更多来自情感和主观方面，你无法通过分析现金流或使用其他客观估值方法来评估它的价值。代表签名副本的 NFT 与此类似。

然而，NFT 是灵活的，创作者可以选择嵌入版权。最简单的例子是 NFT+版权组合，即购买者获得传统版权。NFT 包含代码，因此你可以创建在离线世界（现实世界）中难以实现的版权变体。例如，你可以设计一种 NFT，授予购买者商业权利，但买家必须与原创作者分享部分收入。你还可以为混编和衍生作品制定不同的规则。利用区块链内置的审计跟踪功能，你可以对规则进行编码，将资金返还给不同的所有者和贡献者。混编作品的再混合版可能保留 1/3 的收入，将 1/3 返还给混编作者，并将剩余的 1/3 返还给原始创作者。这是软件，你可以任意设计规则。

NFT 也可以改善创作者的经济状况。[17] 以音乐行业为例，[18] 流媒体服务商声田上约有 900 万名音乐人入驻，[19] 但在 2022 年，只有不到 1.8 万名音乐人（不到 0.2%）的收入超过 5 万美元。大部分收入都流向了流媒体服务商和音乐唱片公司。代币可以剔除层层收取高额费用的中间商。有了 NFT，音乐人可以保留大部分收入，因此依靠较小的粉丝群就能养活自己。

音乐人出售实体商品同样可以绕过高费率的中间商，但实体商品的市场规模往往比数字商品市场小得多。2018 年，音乐行业实体商品销售额为 35 亿美元，[20] 而同年电子游戏行业的虚拟商品销售额为 360 亿美元。[21] 自那时以来，电子游戏的虚拟商品销售额几乎翻了一番。数字商品的利润率更高，这为产品探索留下了更多空间。创作者更容易与粉丝保持互动。

对那些习惯于企业网络模式的人来说，他们需要转变思维才能搞明白基于 NFT 的新商业模式。在企业模式中，一家公司从头到尾掌控整个服务流程。它构建核心服务、在其上可以应用的程序和工具，以及围绕核心服务的商业模式，这是一种全程的指挥与控制模式。

在NFT模式下，创作者构建诸如简单的NFT集合等核心、最基础的组件作为项目的开始，然后独立的第三方围绕网络和代币自下而上地构建应用程序。例如，一个乐队可能会通过发行NFT来吸引赞助人和铁杆粉丝，随后，提供围绕NFT相关体验（如私人活动、论坛或独家商品的参与权限）的第三方应用程序可能会随之出现。

第三方开发者有动力围绕这些NFT进行产品开发，这主要出于以下两个原因。首先，借助现有社区加快产品和服务的普及。例如，营销人员可以向目标人群中的NFT持有者提供特殊待遇，如提前或免费获得新产品。在区块链模式中，互操作性成为获取客户的一种有效策略。

其次，NFT具有值得信赖的中立性。用户拥有NFT，除非代码明确允许，否则连NFT创建者都不能随意改变其中的规则。这种激励机制与企业网络的截然不同。在企业网络中，互操作性是有风险的，因为企业网络所有者几乎总是以有利于自己的方式改变规则。

在这里，主题公园和城市的类比非常贴切。企业网络模式就像一个高度管理的主题公园，从头到尾打造整个体验。区块链网络就像一座城市，从构建核心模块开始，鼓励自下而上的创业精神。具有许可版权设置的NFT鼓励第三方创新，因此自然适合城市模式。

NFT虽然仍在不断发展，但其成功已初见端倪。[22]2018年，NFT标准正式确立。[23]2020年，NFT销售开始增长。从2020年到

2023 年年初，创作者从 NFT 销售中获得了大约 90 亿美元的收入。[24] 而在同一时期，一个更为成熟的参与者优兔支付了约 470 亿美元给创作者。[25]（优兔把 850 亿美元收入中的 55% 支付给了创作者。）其间，照片墙、抖音、推特等公司几乎没有向创作者支付任何费用。

随着生成式人工智能的崛起，媒体内容丰富化的趋势只会加速。生成式人工智能已经可以创造出令人印象深刻的视觉艺术、音乐和文本作品，而且正在飞速进步，未来甚至可能超越人类。正如社交网络让所有人都可以发布内容一样，生成式人工智能将会让所有人都可以进行内容创作。这将使限制媒体内容使用的传统版权模式难以为继。当人们可以用人工智能生成可以接受的替代品时，就不会再愿意为媒体内容支付那么高的费用了。

幸运的是，价值并不会消失。正如气球被挤压时空气会转移到其他空间一样，价值也会转移到相邻的层级，这一点在第八章中已有所阐述。尽管会下国际象棋的人工智能在 20 年前就已经击败了人类棋手，但在国际象棋网站上下棋和观看下棋，却比以往任何时候都更受欢迎。虽然机器智能已经崛起，但人们仍然渴望人与人之间的互动。后人工智能时代的产品表现形式，将更少关注媒体内容本身，而更多关注与媒体内容相关的策划、社区和文化。

NFT 为广阔、丰富的媒体内容增添了稀缺价值的层级，它为如何让注意力转化为收入这个问题提供了一个不错的解决方案。既然开发者可以在电子游戏中通过出售虚拟商品来获取收入，那么创作者也可以通过新的商业模式来盈利。互联网可以继续发挥其最擅长的功能——复制与再混合。这无疑打造了一个双赢局面。

合作编写故事：释放梦幻好莱坞的想象力

1893 年，英国作家阿瑟·柯南·道尔在小说中让自己笔下的名侦探夏洛克·福尔摩斯坠入位于瑞士的瀑布，[26] 这让众多粉丝惊愕不已。* 结果，成千上万福尔摩斯迷愤而取消了订阅连载其故事的《海滨杂志》，他们纷纷穿上黑衣以示哀悼，还写了大量信件恳求作者让侦探复活。（道尔最初对他们的请求置之不理，但最终他还是让步了，让福尔摩斯重回人间。）

时至今日，仍然没有什么能比一个好故事更能点燃人们的激情了。在互联网上，无数《哈利·波特》和《星球大战》等热门故事的粉丝密切关注每一次剧情更新。他们仔细剖析剧情，甚至会为了一些微不足道的情节点及其意义而争论不休。有时，粉丝还会自创故事情节和角色，他们甚至在 Wattpad 等同人小说网站创作整本小说。（值得一提的是，《五十度灰》便是一部向《暮光之城》致敬的作品。）

有时候，人们对某个故事系列投入得如此之深，仿佛它已经成为他们身份的一部分。但是，这种所有权感觉其实只是一种错觉。虽然粉丝群体或许能对故事的走向产生些许影响——比如《星球大战》粉丝群体极度反感加·加·宾克斯（Jar Jar Binks）这个外星人角色，[27] 很多人认为是这个原因导致乔治·卢卡斯（George Lucas）在后续的《星球大战》电影中削减了该角色的戏

---

* 作者道尔确实曾试图"杀死"福尔摩斯。在其小说《最后一案》中，福尔摩斯与其宿敌莫里亚蒂教授在瑞士的莱辛巴赫瀑布边展开了生死搏斗，最后两人双双坠入瀑布深渊。然而，由于读者的强烈反对，道尔在后来的故事中让福尔摩斯"复活"了。——译者注

份——但在大多数情况下，粉丝仅仅是被动的观察者，他们没有正式的话语权，也拿不到任何经济利益。

当今世界，传媒界沉迷于拍摄续集和重启老故事，这是因为推广新 IP（知识产权）的风险太大。与传媒公司需要斥资数千万美元来宣传新故事所承担的不确定性风险相比，重复使用已经被证实的素材显得更为安全。

然而，我们有没有认真想过，如果粉丝能够真正成为内容的拥有者，而传媒公司可以利用他们的热忱来推动原创故事的创作和传播，那将会是一种怎样的场景？这正是一系列新型区块链项目背后的核心理念，这些项目鼓励粉丝携手共建一个叙事丰富的世界。

只要有了合适的工具，原本陌生的群体就能集结起来，共同创造出非凡的成果，这是读写时代最重要的经验之一。维基百科便是其中一个最令人惊叹的例证。这个由大众共同创建的百科全书自 2001 年成立以来，就一直在挑战那些视其为乌托邦激进分子运营的数字涂鸦墙之人的看法。时至今日，许多人或许已经不记得微软旗下的百科全书 Encarta 了。[28] 这是微软旗下的一部由付费专家编写的知识大全，曾被认为是数字百科全书大战中的佼佼者。虽然维基百科仍然面临着无休止的垃圾信息和恶意破坏等行为带来的困扰，但其社区成员始终坚守阵地，不断对网站进行编辑和改进。积极的编辑力量远多于消极的，这使得整个网站得以持续、稳定地发展。

如今，维基百科已成为互联网上第七大最受欢迎的网站，被广大用户用作参考资料来源。[29] 它的成功也激发了其他协作式知识项目的兴起，如问答网站 Quora 和 Stack Overflow 等。[30]

协作式创作可将维基百科的可信与中立、区块链网络的低费率相结合，并通过赋予粉丝对其创作内容的所有权来激励他们。在实际操作中，这通常意味着用户将基于他们对创作内容的贡献来获得相应比例的代币。由此产生的 IP 将由社区共同管理，并可以授权给第三方用于制作图书、漫画、游戏、电视节目、电影等。通过授权所得到的许可收入将归集到区块链网络金库，用于支持项目的进一步开发或回馈给代币持有者。

这些项目让用户能够掌控角色和故事的发展走向。如果用户不喜欢当前的故事走向，他们可以选择"分叉"角色——复制角色并修改故事内容，使其更符合个人喜好。用户甚至可以"分叉"整个故事，创造出全新的时间线和多重世界，构建一个由用户自己生成的多元宇宙。在这里，角色和故事就像乐高积木，供人们自由组合、搭配、修改和再创造。

合作编写故事有多重好处：

- **拓宽人才渠道**。无须特别许可即可参与创作的方式打破了原有的门槛，使得更多人能够参与到创作过程中。在传统的传媒模式中，往往需要把关人对人才和项目进行筛选。创意作品能否被采纳往往取决于其所在地理位置和社交圈子，这种局限性可能会导致大量人才被埋没。正如维基百科将集市模式带入由大教堂主导的百科全书行业，合作编写故事也有望为传媒领域带来类似的变革。
- **实现新 IP 的病毒式营销**。利用粉丝效应进行传播是营销的有效方式，这不需要像传统营销一样花费数百万美元的巨额广告费。想象一下，如果我们能将像狗狗币这样的网络迷因币所具有的强大病毒式传播力，运用到富有意义的故事创作上，而非仅仅是无意义的投机，那将是怎样的一种景象？在这种模式下，热情的粉丝将从被动的接受者转变为积极的传播者。

- **提高创作者的收入**。代币奖励可以提高创作者的收入。基于区块链网络的低费率特性，大部分收入将直接返还给创作者。减少中间环节将极大改善创作者的经济状况。对大型工作室来说，100万美元或许不算什么，但对独立创作者群体而言意义重大。

维基百科已经成为一种不可或缺的资料来源，其成功挑战了传统观念。而现在，区块链网络有望将维基百科所开创的众创模式进一步扩展到协作式创作领域，让创作者能够真正拥有他们所创作内容的所有权。维萨公司的加密货币负责人库伊·谢菲尔德（Cuy Sheffield）将这一理念称为"梦幻好莱坞",[31] 并称其可与梦幻足球＊相媲美。在这种模式下，粉丝将不再是旁观者，而是真正地参与游戏当中去。

将金融基础设施打造为公共产品

20世纪90年代商业互联网崛起时的一个重要承诺是，实现支付现代化，然而彼时像网络流量加密这样的基础安全措施才刚刚起步且饱受争议,[32] 因此在网上转移资金困难重重。人们对在线输

＊ 一款玩家可以在其中身兼足球俱乐部经理和球队主教练双重角色的网络游戏。——译者注

入信用卡信息普遍抱有深深的怀疑态度。尽管像亚马逊这样的公司成功赢得了客户的信赖，但其他大多数公司基本上无法说服其用户进行电子支付。

因此，许多互联网服务提供商纷纷瞄向广告领域。广告业务形成一种无摩擦的闭环，这种闭环从一开始就极其有效。1994年，美国电话电报公司购买的第一条横幅广告，在《连线》网站hotwired.com上亮相。[33] 几年后，美国网络广告服务商DoubleClick等进行了炙手可热的IPO。自那时起，广告收入就源源不断地流入服务提供商，但随之而来的是混乱的使用体验和用户无法逃避的被跟踪。

直到21世纪10年代，基于支付的商业模式才逐渐迎头赶上了基于广告的商业模式。在该模式下，电子商务成为明显的受益者。如今，人们已经习惯了在全球各地的各类商家使用借记卡和信用卡进行支付。为小型电子商务商家提供服务的Shopify，凭借这一趋势成功崛起并成为亚马逊不敢忽视的劲敌对手。

免费增值*和虚拟商品是另两种流行的基于支付的商业模式。免费增值提供商会提供免费的基础服务，并推销高级服务。这一模式被《纽约时报》、声田等传媒公司和领英、Tinder等社交网络，以及Dropbox、Zoom等软件提供商广泛采纳。

电子游戏工作室开创了虚拟商品模式，这一点在上一节

---

* 免费增值（freemium），是一个合成词，由 free（免费）和 premium（高级）两个词组合而成。它通常指的是一种商业模式，在这种模式中，企业通常会提供基础服务或产品的免费版本，然后通过提供额外的功能或内容来吸引用户升级到付费版本，即premium版本。——译者注

第十四章　一些前景广阔的应用　205

"NFT：丰裕时代的稀缺价值"中已经有所提及。与免费增值模式类似，服务提供商会免费提供基本产品（如一款游戏），并希望部分用户能购买额外的附加产品。有些附加产品在游戏中具有实用价值，如武器等，而很多纯粹是装饰性的，如为玩家角色提供的新服装等。这一模式已经催生了多款热门游戏，如《糖果传奇》《部落冲突》和《堡垒之夜》等。

虽然现在互联网支付已经相当普遍，但仍然存在诸多不便。用户需要输入信用卡信息，而欺诈和退款等情况也屡见不鲜。使用信用卡要缴纳的手续费介于 2%~3%，虽然与其他互联网收费标准相比较低，但仍然足以阻止其在许多潜在场景中的应用。（如前所述，移动应用平台收取的费用更高，最高可达应用程序商店交易流水的 30%。）

转账过程本不应如此烦琐，汇款理应像发送短信一样简便快捷。互联网堪称有史以来世界上最杰出的信息传输与管理工具，但迄今为止，它对大多数支付方式的基础机制都影响甚微。事实证明，与其他类型的信息传输问题相比，支付环节所遇到的问题更为棘手。

资金信息的管理难度远超其他信息，这主要是因为在典型的消费者支付过程中，资金要经过多层中介机构才能到达最终收款人。银行、商户、银行卡网络和支付处理商等多个系统，必须相互协同才能使前述支付过程无差错完成。同时，我们还需要建立管理系统来确保合规、防范欺诈与盗窃，以及监督规则的执行。

虽然金融机构已经长期成功地解决了支付环节遇到的所有问题，但其处理方式往往显得冗余且低效。若能在一个统一、现代化的系统中处理这些问题，其效率将会得以大大提高。当前的挑战在于，如何协调这些不同的组织，使其能围绕同一个系统展开工作。

解决集体协同问题的关键在于，创建新的网络。正如我在本书中所论述的，我们有企业网络、协议网络和区块链网络三个选择项。

企业支付网络会遇到所有企业网络共有的问题。在网络市场份额较低、网络效应较弱的情况下，它们有动力去吸引用户、商家、银行和其他合作伙伴。然而一旦其网络效应变得足够强大，它们就不可避免地会利用特权从网络中榨取更高的费用，并制定限制自由竞争的规则。银行和支付服务提供商对网络平台的潜在威胁了如指掌，并意识到可能会出现一些不良后果。因此，它们尽量避免将权力移交给企业网络。（尽管这些公司过去的确向维萨和万事达卡让渡了太多权力，但那是在维萨还作为非营利组织，万事达卡还是银行联盟的时候。[34] 这两大支付处理网络巨头现在都已转变为独立盈利的公司，类似于 Mozilla 和 OpenAI 的转变。）

协议支付网络则面临两大挑战。首先是人员招募问题。协议网络本身并不具备筹集资金和雇佣开发人员的能力。其次是协议网络的功能有限。支付网络需要追踪交易记录，这意味着它需要构建和维护数据库。但是协议网络没有核心服务，因此无法管理中立、集中的数据库。

区块链网络兼具企业网络和协议网络的优势，同时还克服了它们的缺陷。这种网络能够为开发者筹集资金，能将支付记录作为共享账本存储在其核心软件中。它能制定规则以确保其符合监管要求，并内置审计跟踪功能确保该规则得以执行。此外，区块链网络还具有较低的费率和可预测的规则，从而激励开发者在其基础上进行进一步开发。如今，所有这些优点已为人们所熟知。

通过构建一个能够筹集资金、维护共享数据并对用户做出强有力承诺的中立平台，区块链网络架构可以解决一直困扰其他支付网络的技术和协调等难题。它有望将支付转变为一种公共产品，这类似于在物理世界中促进商业和经济发展的公共高速公路系统。私营企业仍将在开发新金融产品上发挥重要作用，但与过往不同的是，它们可以在可信赖的中立区块链基础之上进行研发。在任何技术栈中，最佳设计都是私有和公共产品的结合。在金融领域，将支付层打造成中立的公共产品是合情合理的。（在第八章的"挤压气球效应"分析框架中，支付网络应是气球的薄弱部分。）

比特币网络是一个中立且无须许可的系统，因此它有可能成为构建前述系统的基石。最初的比特币白皮书将其描述为"电子支付系统"，但其高昂的交易成本和高波动的价格阻碍了比特币在支付方面的发展。高昂的成本源于区块空间的有限供应，即每个区块所能容纳的交易数量有限。许多基于比特币的项目正在努力消除这些限制，其中最著名的便是闪电（Lightning）网络。这是一个建立在比特币网络基础之上的交易网络，由于其具有更高的容量，因此交易成本较低。尽管价格波动仍是一个无法解决的问题，但更快的结算速度可以在一定程度上缓解这一问题。

以太坊为人们提供了另一种选择——建立在以太坊上的系统，如所谓的"汇总层"，也能降低交易成本并改善延迟问题。人们可以使用与美元挂钩的稳定币（如 USDC），来规避价格波动带来的风险。[35] 在以太坊上使用 USDC 进行汇款通常比使用银行电汇更快、更便捷。目前交易费用仍然过高，可能不适合日常小额支付交易。得益于以太坊上平台—应用反馈循环机制，随着日后越来越多扩展性解决方案的上线,这种情况有望得以改善。

全球支付系统将带来诸多好处。第一,解决现有支付系统存在的问题。虽然信用卡支付的费用相比于其他互联网费用低,但仍然存在不必要的摩擦成本。国际汇款的手续费更高,这对向海外家庭成员汇款的低收入人群来说,无疑是一种累退税*负担。任何一家互联网零售商都会告诉你处理国际支付非常困难,当涉及发展中国家时尤为艰难。

这些问题类似于智能手机出现之前影响电话和短信的问题。彼时,用户必须按分钟和短信数量付费,而且国际费用高昂不堪。然而 WhatsApp 和 FaceTime 等应用程序创建了新网络来取代旧网络之后,这些问题便得到了有效解决。新的全球支付网络有望为资金流动带来相似的变革。

第二,全球支付系统将催生以前无法实现的新型应用场景。如果交易费用足够低廉,那么小额支付将成为可能。用户可以支付小额费用来阅读新闻文章或访问媒体内容。音乐版税则可以通过易于审计且基于区块链的支付收据直接支付给版权所有者。计算机之间可以相互程序化地支付数据、计算时间、API 调用以及其他资源等的使用费用。人工智能系统可以奖励为其训练数据集做出贡献的内容创作者,我们将在下文详细介绍这一点。

数十年来人们一直在讨论并尝试实施小额支付方案,但从未真正成功过,其中最主要的障碍在于,交易成本过高以及部分从业者所认为的小额支付对用户要求过高等问题。然而这些问题并

---

* 累退税(regressive tax,也称"逆进税"),是指税率随课税对象数额的增加而递减的税。——译者注

非无法解决，具备更强可扩展性的区块链技术有望解决交易成本问题，而基于规则的自动化则可以降低用户的认知门槛。有朝一日，用户将能够设定一些简单的由预算规则驱动的"智能"钱包，自动完成支付操作。

全球支付系统的第三个优势是可组合性。以 GIF 和 JPEG 等标准格式存储的数码照片具有可组合性特征，使得这些文件可以轻松融入各种应用程序中，从而催生一波围绕照片的创新应用浪潮，其中既包括创意性创新（如滤镜和表情包），也包括服务性创新（如照片墙和拼趣等社交平台）。现在请想象一个虚构的世界，在其间，每一张照片都受到企业网络的控制并且只能通过特定的 API 进行访问，那将会是怎样一种局面？在这样的世界中，照片的使用将受到严格限制，并且只能以某些公司所允许的方式进行。这些 API 提供者将成为掌控者，他们能决定用户和开发者能做什么及不能做什么。这无疑会激发他们封锁照片并遏制竞争的欲望与行动，而这正是当今互联网上最流行的赚钱方式。

基于区块链的系统有望让货币变得像今天的数码照片一样具备可再混合和可组合的特性，甚至更为出色的是，它把货币转变为开源代码形式的存在。让金融具备可组合性和开源性，正是 DeFi 网络的目标所在。DeFi 网络具备与传统银行和其他金融机构相同的功能，但使用的底层技术是区块链技术。在过去几年里，最受欢迎的 DeFi 网络已经处理了数百亿美元的交易。在最近的市场波动中，当许多中心化组织纷纷倒闭时，DeFi 网络依然稳健运行。[36] 用户可以检查 DeFi 代码以确认他们的资金是否安全，并可以在几次点击之内轻松取回资金。这些系统所具备的简单性、透明性和可靠的中立性等，都有助于降低歧视性行为所带来的风险。

然而也有批评者指责 DeFi 过于封闭，甚至形成了一种不与外界接触的内部微观经济体系。这种批评确实有一定道理，DeFi 只能在可组合的货币上运行，这限制了它在区块链上的应用范围（仅限于区块链上的资金），削弱了它对互联网用户的吸引力（只能吸引较小的用户群体）。但是，如果互联网能够拥有一个可组合的货币系统，那么 DeFi 所首创的概念将有望从微观层面扩展到宏观层面。

长期以来，金融领域一直都是中心化且主要是由营利性公司负责运营的，但其实并不必然如此，区块链网络有望将金融基础设施打造为公共产品，并将互联网的能力圈从仅仅处理信息提升为能够处理货币支付。

人工智能：为创作者打造新经济契约

互联网的平稳运行依赖于一些不成文的经济契约。无论是独立个体还是隶属于某个组织的作家、评论家、博主及设计师等内容创作者，他们在发布作品时都心照不宣地期望得到如社交媒体和搜索引擎等内容分发平台的关注和推广。在这个生态中，创作者负责提供内容，而分发平台则负责吸引用户，两者默契配合。

谷歌搜索便是这种契约精神的典型体现。[37]谷歌会抓取网络内容，进行分析和建立内容索引，并在搜索结果中展示相关摘要。作为对内容索引和摘录的回报，谷歌会通过其排序链接为内容提供者带来流量。这种合作模式使得内容提供者（如新闻机构等）能够通过广告、订阅或其自主选择的任何其他商业模式实现盈利。

然而，当这种合作模式在 20 世纪 90 年代初期兴起时，许多内容提供者并未预见其中蕴藏的风险。彼时，搜索引擎企业利用版权法中的"合理使用"条款为自己提供庇护，而内容提供者则采取了放任自流的态度。随着互联网不断发展和壮大，双方之间的力量对比逐渐失衡。大量内容仅通过少数几个分发平台进行传播，使得分发平台逐渐占据优势地位。最终的结果是，谷歌占据了 80% 以上的互联网搜索市场份额，而没有任何一家内容提供者能够接近这一水平。[38]

一些媒体企业试图弥补自己过去的失误。10 多年来，媒体巨头 News Corp 一直在抗议谷歌的"搭便车"行为，并尝试通过反垄断诉讼等手段从这种合作模式中分享更多利益。[39]（值得一提的是，双方在 2021 年达成广告收入分享协议。）点评网站 Yelp 一直在努力抵制谷歌的权力扩张，其首席执行官杰里米·斯托普尔曼（Jeremy Stoppelman）在国会中提供的证词更是将这一努力推向了高潮。[40] 他指出：

> 科技巨头的问题在于，它控制了分发渠道，而分发正是关键所在。如果谷歌成为所有人上网的起点，并且它利用这一地位阻止消费者获取最优质的信息，那么这将是一个非常严重的问题，这还会扼杀创新。

在分发平台的阻碍之下，内容提供者逐渐失去了影响力。谷歌在 21 世纪初占据了如此强势的主导地位，以至于退出搜索结果变得几乎不可行。如果像 Yelp 和 News Corp 这样的个别企业选择退出搜索结果，那么它们就会失去流量，而其竞争对手则会趁机填补这一市场空白。

假如内容提供者在 20 世纪 90 年代就能够预见这一趋势并采

取集体行动的话，他们现在的处境可能会更好。然而遗憾的是，如今的内容提供者由于过于分散而无法行使任何个体权力，也没有有效地凝聚在一起。（值得一提的是，一些有远见的企业如南非报纸出版商 Naspers，成功地从新闻制作转型到互联网投资，从而成为互联网巨头。[41]）

在这场博弈中，分发平台最终占据了上风。谷歌从这种合作模式中获取了大部分的利润回报。这家搜索巨头知道它与内容提供者之间的关系是共生的，同时它也面临着监管压力，因此谷歌让一定的资金流向内容提供者使其得以艰难维生。然而与谷歌多年来所获得的巨额收益相比，这些内容提供者所获得的利润显得微不足道。

谷歌偶尔也会违反默认的契约。[42]对任何网站而言，最糟糕的情况莫过于"一站式服务"，即谷歌提取网站内容并将其摘要放在搜索结果的顶部，这样一来用户无须点击链接即可获取答案。通常与电影、歌词或餐馆相关的搜索，都采用一站式服务模式。对依赖谷歌获取流量的初创公司而言，一站式服务无异于宣判了它们的死刑。可悲的是，我已经好几次看到这种情况发生在我参与的几家公司上，流量一夜之间蒸发，收入也随之消失。

人工智能很可能会将一站式服务模式推向新的高度。新型的人工智能工具已经可以生成和总结内容，使用户无须再跳转到内容提供商的网站。OpenAI 发布的超级聊天机器人 ChatGPT，就让我们看到了这一未来的到来。只需向机器人询问你想去的餐厅，或是让它总结某个新闻事件，它就会直接给出答案，无须再跳转到其他网站。如果这成为新的搜索模式，那么人工智能可能会将互联网上的所有内容都整合到一站式服务中，从而打破搜索引擎

第十四章 一些前景广阔的应用　213

与内容索引之间长达数十年的契约。

近期人工智能产品成绩斐然。从大语言模型机器人到像 Midjourney 这样的生成式艺术系统，人工智能迅猛发展，甚至呈现指数级增长。人工智能在下一个 10 年会有更多激动人心的突破，新的应用程序将提高经济生产力并提升人们的生活质量。随着人工智能的不断进步，我们也需要为内容提供者打造新的经济模式。

如果人工智能系统能够响应各种查询，那么搜索引擎的大部分功能以及用户点击搜索结果并查找网站内容的动作，将全部被其取代。如果人工智能系统能够即时生成图像，那么我们还有必要去搜索人类艺术家创作的图像以获取引用及授权吗？如果人工智能能够总结新闻，那我们为什么还要去阅读原始资料呢？人工智能系统将成为全能的一站式服务提供商。

目前大多数人工智能系统并没有为创作者提供经济回报。以人工智能图像生成领域为例，像 Midjourney 这样的生成式图像系统，会将数亿张带有标签的图像输入大型神经网络中并进行训练，神经网络将学会如何根据标签生成与之匹配的新奇图像。我们几乎无法分辨哪些是生成的图像，哪些是原始的人类艺术作品。尽管这些系统从互联网上的大量数据中学习，但它们通常既不会给予原作者经济补偿也不会注明数据来源。人工智能公司声称这些系统只是从输入的图像中学习，其输出结果并没有侵犯任何版权。在它们看来，人工智能就像一位受到其他绘画作品启发而创作出原创艺术作品的人类艺术家。[43]

在现有版权法下这种立场完全站得住脚（未来可能会有相关的法庭案件或新的立法来解决这一问题），但从长远来看，我们仍然需要在人工智能系统和内容提供者之间达成一种经济上的契约，毕竟人工智能需要不断获取新的素材才能跟上时代的步伐。世界在不断发展：人们的品味会改变，新的流派会涌现，新的事物也会被发明。未来将会有更多新的主题需要被我们描述和呈现，因此那些为人工智能系统提供内容的创作者理应得到相应的经济回报。

未来还是存在多种可能性的。一种是延续当前人工智能系统已经在做的事情："我们将采纳你的作品，使用并将输出结果展示给其他人看，但既不注明出处也不提供流量。"这种行为将激怒创作者，使其在互联网上删除作品或将其置于付费墙之后，以避免人工智能在其上进行训练。我们已经看到许多互联网服务提供者减少其 API 的访问量并采取数据锁定措施，以应对人工智能系统带来的潜在威胁。[44]

或许人工智能系统可以通过资助自己的内容来填补这一空白，如今这种情况已经在"内容工厂"中出现[45]——一幢幢大楼里都是工人，他们受命创建特定的内容以补充人工智能所需要的训练数据。[46]虽然这对人工智能系统可能有所助益，但对整个社会而言似乎是一个令人沮丧的结果。在这种情境下，机器指引未来，而人类则像机器中的齿轮一样辛苦劳作。

一个更理想的结果是，在人工智能系统和创作者之间建立新的契约，鼓励深度、真实的创造而不是简单的内容生产。建立新契约的最佳途径是设计新的网络，以调节人工智能系统与内容创作者之间的经济关系。

为什么我们需要新网络呢？难道新的契约不能通过创作者个人选择加入或退出人工智能训练数据，而自然而然地形成吗？

我们从 20 世纪 90 年代搜索引擎的发展历程中吸取了深刻的

教训。彼时，网络标准组织通过 robots.txt 标准中的"noindex"标签，为网站提供一种将自己排除在搜索引擎之外的方法。然而内容提供者发现，当他们选择退出而其他人没有退出时，他们就会失去流量且得不到任何回报。单个网站力量薄弱，无法与强大的搜索引擎抗衡，他们获得力量的唯一途径就是组织起来集体议价，但他们从未这样做过。

假如退出人工智能主导的系统，也会导致类似的不良后果。其他内容提供者会迅速填补这一空白，而那些无法被填补的部分则会被内容工厂占据。事实上，这个问题比搜索引擎带来的挑战更为严峻，因为很难限制那些松散的灵感与图像的自由传播。那些选择退出的内容元素会逐渐被选择加入的内容元素有所刻画，而这对人工智能系统来说可能已经足够了。如果创作者选择各自为战，那么人工智能总会想方设法得到它想要的东西。

区块链网络有可能成为新经济契约的基石。作为一种集体协商机制，区块链非常适合解决大规模的经济协调问题，尤其是当网络的一方比另一方拥有更多权力时。区块链具有固定的规则、较低的费率以及相对公平的对建设者的激励机制。创作者与人工智能提供者可以共同参与网络治理，以确保网络活动的目标与其初衷始终保持一致。

创作者可以在区块链的基础上为自己的作品设定使用条款和条件。这些设定能被刻在区块链中的软件规则强制执行，使得版权保护能在人工智能训练领域等商业实践中落实。区块链将实施一种归属制度，该制度将人工智能系统产生的部分收入分配给那些为其训练做出贡献的创作者。这样一来，人工智能公司将面临一个明确的二元选择：接受或不接受一个由集体约定的条款，而不是利用其主导优势逐个击破单个创作者。这与工会与雇主间进行集体谈判的初衷如出一辙——团结就是力量。

那么，有没有人能利用企业网络设计出这样的系统呢？答案是肯定的，也确实有人这么做过。但这可能引发一系列企业网络常见的问题，包括吸引—榨取循环等。最终，企业主会利用自身优势地位来收取额外费用，并制定符合自身利益的规则。

我心目中的理想互联网，是一个能让人们勇于发挥创造力并以此谋生的平台。如果人们能够创造出有价值的内容并将其分享到开放的互联网平台之上，那么我们的互联网将会变得多么丰富多彩啊。人工智能能将人类创作者推到创意与创新的前端，而非放置在后端。退一步讲，无论创作者在系统中处于何种位置，难道他们不应该因自己的贡献而获得相应的报酬吗？[47]大量资金通过搜索引擎和社交网络流动，这些资金足以回馈那些创造有价值内容的用户。正是由于这些内容的存在，才使得搜索和社交工具的价值得以充分体现。

每一位互联网用户都应该思考：如果我正在做的事情有价值，我是否因此获得了应得的回报？遗憾的是，答案往往是否定的。在企业网络模式下，少数大企业掌控了绝对的议价能力，从而决定了其他人的经济待遇。在搜索和社交等已经发展成熟且用户黏性极高的领域，改变现有玩家之间的力量对比是相当困难的。但在诸如调节人工智能经济权益的网络等新兴领域，我们仍有机会重新设定规则，从头开始塑造一个更公平的环境。

在市场格局尚未固化之前，我们必须抓住现在的机遇来解决这一问题。究竟是由内容工厂"喂养"人工智能，还是让机器与创作者和谐共存？究竟是机器服务于人类，还是人类服务于机器？

这些都是在人工智能时代我们必须面对和思考的关键问题。

深度伪造：超越图灵测试之后的新挑战

1968 年出版的小说《仿生人会梦见电子羊吗？》（*Do Androids Dream of Electric Sheep?*）是关于一位名叫里克·德卡德（Rick Deckard）的赏金猎人猎杀机器人的故事。这本小说的核心情节是，主人公德卡德试图区分仿生人或流氓人工智能体与人类，这也成为经典科幻电影《银翼杀手》的灵感来源。

如果说过往是生活模仿艺术，那么如今就是艺术模仿生活。人工智能正在以虚拟形态融入我们的日常生活：人工智能让"深度伪造"变得轻而易举，大量传媒作品在视觉和听觉上都达到了以假乱真的程度，实际上却是由机器生成的。深度伪造的视频可能会展示政治家、名人或普通人从未说过的言论，甚至可能捏造新闻事件，这为各种阴谋论提供了得以滋生的温床。在一个对事件的解读千差万别的互联网环境中，视频一度被视为真相的代名词，然而深度伪造技术的出现却让视频的真实性大打折扣。

为了打击深度伪造，有人提出了通过法规来限制人工智能发展的建议。[48] 一些建议者呼吁政府建立认证制度，以确保只有经过授权的组织才能提供人工智能服务。[49] 包括埃隆·马斯克和现代人工智能领域先驱约书亚·本吉奥（Yoshua Bengio）在内的多位科技领袖，联合签署了一份请愿书，呼吁暂停所有人工智能研究 6 个月。[50] 目前，美国和欧盟正在尝试制定全面的人工智能监管框架。[51]

但是监管并非解决问题的万能钥匙。技术创新一旦被释放，就如同打开了潘多拉魔盒一样再也无法收回。神经网络是现代人工智能的一项核心技术，作为数学原理的一种实际应用，它的发展无法被阻止。无论政府官员的喜好如何，线性代数这一学科都将持续存在。开源系统已经能够制作出足以乱真的深度伪造作品，而且这些系统还在持续完善，未来会出现更多更"真"的此类作品。同时，其他国家也在积极推动这些技术的研究和发展。

监管及限制只会导致技术资源向已拥有先进技术的大公司集中，这会进一步加剧生态的不平衡。烦琐的规则将阻碍创新步伐，创新公司将胎死腹中。随着科技巨头对市场的进一步垄断，用户将遭受更多损失。如此一来，互联网整合带来的问题将越发严重。

监管并不能解决互联网缺乏有效信誉体系这一根本问题。与其遏制新技术的发展，不如努力推动其向前迈进。我们应当建立一种系统，让用户和应用程序能够验证媒体内容的真实性。其中一个可行的想法是，在区块链网络上落实由加密数字签名支持的"证明"。在区块链网络上，用户和组织可以通过前述方式为某项媒体内容的真实性提供担保。

这种系统可能的运作方式如下：视频、图片或音频创作者可以通过一种被称为哈希（hash）的媒体标识符进行数字签名，声明"这是我创作的内容"。随后，其他组织（如传媒公司）可以通过签署一项交易文件来支持前述声明，表明"我证明这个内容是真实的"。用户可以通过多种方式在签名中标识自己的身份，他们可以通过加密方式证明自己对域名的控制权（如nytimes.com），也可以通过更新与区块链命名服务（如以太坊命名服务）相关联的标识符来实现（nytimes.eth），或者在传统的身份系统（如脸书和推特）上通过用户名进行标识（@nytimes）。

将媒体证明存储在区块链上有三大优势。首先，它提供了透明且无法篡改的审计追踪方式。任何人都能检查完整的内容和证明历史，且内容一经记录便无法被篡改。其次，它确保了可信赖的中立性。若某个公司掌控了认证数据库，它可能会借此限制访问或收取费用。而一个可信赖的中立数据库则可以降低平台风险，保障公众利益。最后，区块链上的证明具有良好的可组合性。社交网络能够整合各种在可信来源上媒体内容中显示的已验证标识的证明。第三方参与者可以建立声誉系统来评估证明人的跟踪记录并分配信任分数。一个围绕数据库建立的应用程序与服务生态系统，可以帮助用户区分真实内容与伪造内容。

区块链上的证明还能有效解决机器人和"假冒身份者"泛滥的问题。随着人工智能技术的不断发展，机器人变得越来越逼真，使用户越来越难以区分真人与虚拟人。（这种情况已经开始出现。）为了应对这一问题，我们可以将认证信息附加到社交网络标识符上，而非传媒作品上。例如，《纽约时报》可以证明某个新社交网络上的@nytimes账号确实是由控制www.nytimes.com网站的同一组织管理的。用户可以自行查验区块链信息，或者依靠第三方服务来核实这些认证的真实性。

这类认证系统有助于打击垃圾信息和冒充行为。社交媒体企业可以为拥有可信赖认证的用户名加上已验证标识，并提供一种让用户能够屏蔽机器人（例如"仅显示具有可信赖签名认证的用户"）的设置选项。需要注意的是，这些验证标识不应通过购买获得，也不应按个人喜好而分配，更不能被公司员工的偏见所影响。它们必须经过客观的验证，并且经得起审计。

我们从上一个互联网时代学到的是，只要大众有需求，这项服务就会出现；如果不是以公共产品的形式呈现，那就是以私人产品的形式展现。例如，当用户需要一套信誉系统来筛选网站时，谷歌便开发了这一系统。这套最初被命名为 PageRank 的系统，如今已发展为一套专有的排序系统。如果当时区块链技术已经存在，那么这一声誉系统便可以作为公共产品被建立，且由公众共同拥有而非被某一家公司独占。如此一来，网站排序将可以公开验证，第三方也得以在此基础上提供服务。

如今，图灵测试已无法准确区分真人和机器人，人们也难以辨别媒体内容的真伪。正确的应对方法是建立一个可信赖、中立的且社区共有的网络——区块链网络，使真实性成为互联网上最基本的信任基石。

结语

> 如果你想建造一艘船，先不要急着去鼓动人们收集木材、分配工作以及发号施令。相反，要引导他们向往那广阔无垠的大海。[1]
>
> ——安托万·德·圣-埃克苏佩里

在未来的一种可能情景中，互联网可能被少数几家公司垄断。这些公司会扼杀创新，而用户、开发者、创作者和企业家则只能争夺残羹剩饭。互联网会沦陷为充斥着泛泛且肤浅的内容及体验的大众媒介。用户可能比农奴更加悲惨，他们不得不为了科技巨头的利益而辛苦劳作。

这既不是我所期望看到的互联网，也不是我所希望生活在其中的世界。这个问题已经超出了"互联网的未来"这一看似平淡但深奥的话题范畴。互联网的未来关乎着包括你我在内的每一个人。互联网正逐渐成为我们生活的重要组成部分，它与现实世界的重叠部分越来越多。不妨思考一下，你在网上花费了多少时间？你的身份有多少是在网上确认的？你通过互联网媒介与多少朋友建立了联系，并进行了多少互动？

那么，你希望由谁来掌控这个世界呢？

重塑互联网

要想让互联网重回正轨，我们就有必要创建具有更优质架构的新网络。在目前已知的网络架构中，只有两种能够秉承早期互联网的大众自主和平等精神，即协议网络和区块链网络。如果新的协议网络能够取得成功，我会第一个表示支持。然而在经历了几十年的失望之后，我对此表示深深的怀疑。电子邮件和万维网，是在没有企业网络激烈竞争的时代中发展起来的。由于核心架构的限制，从那以后，协议网络一直无法与企业网络相抗衡。

在构建具有协议网络社会效益和企业网络竞争优势的网络方面，区块链是唯一可信的已知架构。

谷歌曾经的座右铭是"不作恶"。在企业网络中，我们需要相信公司管理层会规范自身行为。在网络规模需要大举扩张的时期，这或许能奏效一时，但问题终究会不可避免地出现。区块链则提供了更为坚实的保证——"不能作恶"，因为相关规则都已被写入不可篡改的代码中。在这个生态中，开发者和创作者可以享受较低费率及可预测的经济效益，用户则可以享受透明的规则、参与网络治理以及分享网络带来的经济利益。通过这种方式，区块链网络拓展了协议网络的最佳特性。

区块链网络还吸纳了企业网络的最佳元素。它们能够吸引和累积资本，以在人才招聘和业务拓展上进行大量投资，这使它们能够在公平的竞争环境中与资金雄厚的互联网公司相抗衡。此外，它们还支持开发出符合现代用户对互联网服务预期的软件。借助区块链技术，我们有望建立起社交网络、电子游戏、市场、金融服务（如本书第五部分所述），以及创业者梦寐以求的任何创新应用。

如果下一波网络浪潮采用区块链架构，那么我们有望扭转互联网的整合趋势，并将社区（而非少数几家公司）恢复到它们所

结语　223

应有的未来管理者的地位上。

我对此持乐观态度，并希望在我分享了这么多内容之后，你也能和我一样，对未来保持乐观。

乐观的理由

我之所以对未来满怀希望，是因为这项技术正在发挥实效、吸引着越来越多的用户，并且被不断改进和完善。多重复合反馈循环正在推动区块链网络的发展，而另一个计算循环也正在悄然进行：

- **平台—应用反馈循环**。如今的基础设施已足够成熟，足以承载互联网规模级的应用程序。这些应用程序的增长又反过来促进对基础设施的投资，以此形成良性循环。曾经推动个人电脑、互联网和移动互联网发展的复合反馈循环，如今正推动区块链技术不断向前发展。
- **社交技术所固有的网络效应**。区块链网络是一种大规模的多人参与的社交系统，它具有与早期的协议网络和企业网络等社交体系相同的网络效应。随着更多用户、创作者和开发者加入进来，它们将变得更有用。
- **可组合性**。区块链网络的代码是开源的，这意味着代码只需要编写一次，即可像乐高积木一样被组合成更庞大的建构品。这种可组合性使得全球知识库以复合速度增长。

推动区块链网络发展的另一股力量是，正在涌入科技行业的新一代人才，他们渴望在互联网上留下自己的印记。在每个时代的交替之际，总会有人不仅仅满足于为了生计而从事技术工作，他们还希望能独立创业、改变现状，并挑战传统巨头。我在自己的公司亲眼见证了这一点。每年都有成千上万的学生和职场新人找到我和我的合作人，希望与我们一起携手创设新的区块链项目。当被问及如此做的原因时，他们表示不希望自己的职业生涯只是给谷歌或 Meta 卖出了更多的广告，他们渴望在科技前沿领域工作。

未来的机遇在于，能否构建一个作为数字世界的经济、社会及文化基石的伟大网络。网络是互联网杀手级的应用。虽然协议网络使信息获取变得轻而易举，但其自身的弱点限制了其在未来的发展潜力。虽然企业网络改善了互联网的功能并扩展了其应用范围，但它们过度追求可控的、主题公园式管理模式，因而会阻碍该行业的发展。

除了区块链领域，其他领域的科研重点都是旨在开发可持续加固现有行业结构的技术。人工智能的发展青睐于那些拥有大量资本和数据的巨头。虚拟现实头盔、自动驾驶汽车等新兴技术领域，至少需要数十亿美元的资本投入。相比之下，区块链是对抗这些中心化力量的唯一可靠选择。

区块链网络就像城市一样，由居住在其中的人们自下而上地共同建设。企业家创立企业，创作者培养受众，用户则拥有越来越多的选择、权利以及自主性。这些网络由社区共同管理，透明公开地运营。在此，那些为网络做出贡献的人，可以获得相应的经济报酬。这是一个由大众构建、为大众服务的互联网。

"读，写，拥有"时代，旨在数字世界中构建一个能够维系健康公民生活的体系。公民生活的繁荣，离不开私人和社区所有权的平衡。人们在公共人行道旁构建新的餐馆、书店和商店，房主利用周末翻修房屋，这些都反过来改善了社区环境。一个私人和社区所有权没有糅杂在一起的世界，将会扼杀人类的创造力和未来的繁荣。

尽管我提出了一些我认为是当今时代开发区块链网络的最佳构想，但企业家在构建未来方面的能力远胜于我的预测能力。更有可能的是，最出色的想法要么在今天看来很奇怪，要么还未被想象出来。如果你经常参与区块链网络的建设，那么你可能已经习惯了他人异样的眼光。或许旁人会认为你的所作所为非常愚蠢，甚至涉嫌欺诈。通常情况下，你所投身的事业现在还无从命名。由内而外的技术已经被包装得很好，随时可以推向市场。而由外而内的技术则显得杂乱、神秘，甚至需要伪装成别的东西。要充分发掘它们的潜力，确实需要付出巨大的努力。

区块链正处于计算技术的前沿，就像20世纪80年代的个人电脑、90年代的互联网以及21世纪10年代的移动电话一样具有划时代的意义。如今，当人们回顾计算机历史上那些关键时刻时，不禁对过往岁月心生感慨。诺伊斯与摩尔、乔布斯与沃兹尼亚克、佩奇与布林，这些人都在历史上留下了深深的烙印。在这个伟大的时代，兴趣爱好者在这片领域中涉足、辩论并勇往直前，工匠倾尽无数个夜晚和周末去构建未来。

一切看似为时已晚，但实则仍有机会。现在正是重新构想网络及其功能的重要时刻。软件是无与伦比的，适合展现人类创造能力的工具及舞台。你不必接受传承下来的互联网，因为你可以创造出更好的作品……作为一名建设者、创作者、用户，以及最重要的是作为一名所有者，你有能力去创设一个更美好的世界。

你此刻就身处其中，这些都是属于你的美好时光！

致谢

这本书之所以能够诞生，得益于我多年来深度参与互联网行业和加密社区的经历，以及过往所撰写的博客、思考与总结等，这些是书中无数个灵感的来源。我衷心感谢那些曾与我并肩作战的同事和创业者。与你们交流以及向你们学习，是我工作中最令人期待的地方。同时，我也要向那些为出版本书做出贡献的工作人员表示由衷的感谢。

我首先要真心感谢罗伯特·哈克特（Robert Hackett）。在整个写作过程中，他不仅是我宝贵的编辑，更是我的思想伙伴。他为此项目付出了无数的时间和精力，倾注了极大的心血。更重要的是，他耐心指导我如何写出更好的作品。

我还要感谢我的长期创意合作伙伴金·米洛谢维奇（Kim Milosevich）和索纳尔·乔克希（Sonal Chokshi）。他们从写作项目伊始就给予我悉心的指导和帮助，陪伴我走完整个出版流程。

同时，我还要感谢我的经纪人克里斯·帕里斯-兰姆（Chris Parris-Lamb）和编辑本·格林伯格（Ben Greenberg），以及兰登书屋整个团队的其他成员，包括但不限于格雷格·库比（Greg Kubie）和温迪·多斯特恩（Windy Dorresteyn）。在他们的专业支持和协助之下，这本书的出版进程要比我预想的流畅很多。另外，我还要特别感谢罗德里戈（Rodrigo）和安娜·科拉尔（Anna Corral）为本书设计的精美封面和内文插图。

在撰写本书的各个阶段，不少人给予了宝贵的意见和反馈。我要特别感谢蒂姆·拉夫加登（Tim Roughgarden）、赛普·卡姆瓦尔（Sep Kamvar）、迈尔斯·詹宁斯（Miles Jennings）、埃琳娜·伯格（Elena Burger）、阿里安娜·辛普森（Arianna Simpson）、波特·史密斯（Porter Smith）、比尔·欣曼（Bill Hinman）、阿里·亚哈亚（Ali Yahya）、布莱恩·昆腾茨（Brian Quintenz）、安迪·霍尔（Andy Hall）、科林·麦肯（Collin McCune）、蒂姆·沙利文（Tim Sullivan）、埃迪·拉扎林（Eddy Lazzarin）和斯科特·科米纳斯（Scott Kominers）等人对本书的详细反馈。我也要感谢达伦·松冈（Daren Matsuoka）在数据收集和分析方面，迈克尔·布劳（Michael Blau）在 NFT 设计方面以及莫拉·福克斯（Maura Fox）在研究和核查事实方面提供的帮助。这些工作都对书稿的完善起到了重要作用。

我还要衷心感谢马克·安德森（Marc Andreessen）和本·霍洛维茨（Ben Horowitz）。他们是杰出的商业伙伴，多年来始终如一地支持我的各项事业。

我把这本书献给我的妻子同时也是我最好的朋友埃琳娜（Elena）。她一直支持我、相信我。在我夜以继日（以及无数个周末和节假日）赶稿时，她给予我无尽的耐心和支持。她是一个非常能干、自信的人。在追逐自己的激情与兴趣所在之时，她还能为我和家庭留出足够的时间和空间。我对你感激不尽，感谢多年前能在纽约与你相遇。你是我人生的灵魂伴侣，这本书也同样属于你。

最后，我要把这本书献给我的儿子。你是未来，我希望你的前路充满光明。

注释

1. Freeman Dyson quotation is from Kenneth Brower, *The Starship and the Canoe* (New York: Holt, Rinehart and Winston, 1978).

引言

1. Similarweb: Website traffic—check and analyze any website, Feb. 15, 2023, www.similarweb.com/.
2. Apptopia: App Competitive Intelligence Market Leader, Feb. 15, 2023, apptopia.com/.
3. Truman Du, "Charted: Companies in the Nasdaq 100, by Weight," *Visual Capitalist*, June 26, 2023, www.visualcapitalist.com/cp/nasdaq-100-companies-by-weight/.
4. Adam Tanner, "How Ads Follow You from Phone to Desktop to Tablet," *MIT Technology Review*, July 1, 2015, www.technologyreview.com/2015/07/01/167251/how-ads-follow-you-from-phone-to-desktop-to-tablet/; Kate Cox, "Facebook and Google Have Ad Trackers on Your Streaming TV, Studies Find," *Ars Technica*, Sept. 19, 2019, arstechnica.com/tech-policy/2019/09/studies-google-netflix-and-others-are-watching-how-you-watch-your-tv/.
5. Stephen Shankland, "Ad Blocking Surges as Millions More Seek Privacy, Security, and Less Annoyance," *CNET*, May 3, 2021, www.cnet.com/news/privacy/ad-blocking-surges-as-millions-more-seek-privacy-security-and-less-annoyance/.
6. Chris Stokel-Walker, "Apple Is an Ad Company Now," *Wired*, Oct. 20, 2022, www.wired.com/story/apple-is-an-ad-company-now/.
7. Merrill Perlman, "The Rise of 'Deplatform,'" *Columbia Journalism Review*,

Feb. 4, 2021, www. cjr. org/language_corner/deplatform. php.
8. Gabriel Nicholas, "Shadowbanning Is Big Tech's Big Problem," *Atlantic*, April 28, 2022, www. theatlantic. com/technology/archive/2022/04/social-media-shadowbans-tiktok-twitter/629702/.
9. Simon Kemp, "Digital 2022: Time Spent Using Connected Tech Continues to Rise," DataReportal, Jan. 26, 2022, datareportal. com/reports/digital-2022-time-spent-with-connected-tech.
10. Yoram Wurmser, "The Majority of Americans' Mobile Time Spent Takes Place in Apps," *Insider Intelligence*, July 9, 2020, www. insiderintelligence. com/content/the-majority-of-americans-mobile-time-spent-takes-place-in-apps.
11. Ian Carlos Campbell and Julia Alexander, "A Guide to Platform Fees," *Verge*, Aug. 24, 2021, www. theverge. com/21445923/platform-fees-apps-games-business-marketplace-apple-google/.
12. "Lawsuits Filed by the FTC and the State Attorneys General Are Revisionist History", "Lawsuits Filed by the FTC and the State Attorneys General Are Revisionist History," Meta, Dec. 9, 2020, about. fb. com/news/2020/12/lawsuits-filed-by-the-ftc-and-state-attorneys-general-are-revisionist-history/.
13. Aditya Kalra and Steve Stecklow, "Amazon Copied Products and Rigged Search Results to Promote Its Own Brands, Documents Show," *Reuters*, Oct. 13, 2021, www. reuters. com/investigates/special-report/amazon-india-rigging/.
14. Jack Nicas, "Google Uses Its Search Engine to Hawk Its Products," *Wall Street Journal*, Jan. 9, 2017, www. wsj. com/articles/google-uses-its-search-engine-to-hawk-its-products-1484827203.
15. Adrianne Jeffries and Leon Yin, "Amazon Puts Its Own 'Brands' First Above Better-Rated Products," *Markup*, Oct. 14, 2021, www. themarkup. org/amazons-advantage/2021/10/14/amazon-puts-its-own-brands-first-above-better-rated-products/.
16. Hope King, "Amazon Sees Huge Potential in Ads Business as AWS Growth Flattens," *Axios*, April 27, 2023, www. axios. com/2023/04/28/amazon-earnings-aws-retail-ads/.
17. Ashley Belanger, "Google's Ad Tech Dominance Spurs More Antitrust Charges, Report Says," *Ars Technica*, June 12, 2023, www. arstechnica. com/tech-policy/2023/06/googles-ad-tech-dominance-spurs-more-antitrust-charges-report-says/.

18. Ryan Heath and Sara Fischer,"Meta's Big AI Play：Shoring Up Its Ad Business," *Axios*, Aug. 7, 2023, www. axios. com/2023/08/07/meta-ai-ad-business/.

19. James Vincent,"EU Says Apple Breached Antitrust Law in Spotify Case, but Final Ruling Yet to Come," *Verge*, Feb. 28, 2023, www. theverge. com/2023/2/28/23618264/eu-antitrust-case-apple-music-streaming-spotify-updated-statement-objections; Aditya Kalra,"EXCLUSIVE Tinder-Owner Match Ups Antitrust Pressure on Apple in India with New Case," *Reuters*, Aug. 24, 2022, www. reuters. com/technology/exclusive-tinder-owner-match-ups-antitrust-pressure-apple-india-with-new-case-2022-08-24/; Cat Zakrzewski,"Tile Will Accuse Apple of Worsening Tactics It Alleges Are Bullying, a Day After iPhone Giant Unveiled a Competing Product," *Washington Post*, April 21, 2021, www. washington post. com/technology/2021/04/21/tile-will-accuse-apple-tactics-it-alleges-are-bullying-day-after-iphone-giant-unveiled-competing-product/.

20. Jeff Goodell,"Steve Jobs in 1994：The Rolling Stone Interview," *Rolling Stone*, Jan. 17, 2011, www. rollingstone. com/culture/culture-news/steve-jobs-in-1994-the-rolling-stone-interview-231132/.

21. Robert McMillan,"Turns Out the Dot-Com Bust's Worst Flops Were Actually Fantastic Ideas," *Wired*, Dec. 8, 2014, www. wired. com/2014/12/da-bom/.

22. "U. S. Share of Blockchain Developers Is Shrinking," Electric Capital Developer Report, March 2023, www. developerreport. com/developer-report-geography.

第一章 网络为何至关重要

1. John von Neumann quotation is from Ananyo Bhattacharya, *The Man from the Future* (New York：W. W. Norton, 2022), 130.

2. Derek Thompson,"The Real Trouble with Silicon Valley," *Atlantic*, Jan. /Feb. 2020, www. theatlantic. com/magazine/archive/2020/01/wheres-my-flying-car/603025/; Josh Hawley,"Big Tech's 'Innovations' That Aren't," *Wall Street Journal*, Aug. 28, 2019, www. wsj. com/articles/big-techs-innovations-that-arent-11567033288.

3. Bruce Gibney,"What Happened to the Future?," Founders Fund, accessed March 1, 2023, foundersfund. com/the-future/; Pascal-Emmanuel Gobry,"Facebook Investor Wants Flying Cars, Not 140 Characters," *Business Insider*, July 30, 2011, www. businessinsider. com/founders-fund-the-future-2011-7.

4. Kevin Kelly, "New Rules for the New Economy," *Wired*, Sept. 1, 1997, www.wired.com/1997/09/newrules/.
5. "Robert M. Metcalfe," IEEE Computer Society, accessed March 1, 2023, www.computer.org/profiles/robert-metcalfe.
6. Antonio Scala and Marco Delmastro, "The Explosive Value of the Networks," *Scientific Reports* 13, no. 1037 (2023), www.ncbi.nlm.nih.gov/pmc/articles/PMC9852569/.
7. David P. Reed, "The Law of the Pack," *Harvard Business Review*, Feb. 2001, hbr.org/2001/02/the-law-of-the-pack.
8. "Meta Reports First Quarter 2023 Results," Meta, April 26, 2023, investor.fb.com/investor-news/press-release-details/2023/Meta-Reports-First-Quarter-2023-Results/default.aspx.
9. "FTC Seeks to Block Microsoft Corp.'s Acquisition of Activision Blizzard, Inc.," Federal Trade Commission, Dec. 8, 2022, www.ftc.gov/news-events/news/press-releases/2022/12/ftc-seeks-block-microsoft-corps-acquisition-activision-blizzard-inc; Federal Trade Commission, "FTC Seeks to Block Virtual Reality Giant Meta's Acquisition of Popular App Creator Within," July 27, 2022, www.ftc.gov/news-events/news/press-releases/2022/07/ftc-seeks-block-virtual-reality-giant-metas-acquisition-popular-app-creator-within.
10. Augmenting Compatibility and Competition by Enabling Service Switching Act, H.R. 3849, 117th Cong. (2021).
11. Joichi Ito, "In an Open-Source Society, Innovating by the Seat of Our Pants," *New York Times*, Dec. 5, 2011, www.nytimes.com/2011/12/06/science/joichi-ito-innovating-by-the-seat-of-our-pants.html.

第二章 协议网络

1. Tim Berners-Lee with Mark Fischetti, *Weaving the Web: The Original Design and Ultimate Destiny of the World Wide Web by Its Inventor* (New York: Harper, 1999), 36.
2. "Advancing National Security Through Fundamental Research," accessed Sept. 1, 2023, Defense Advanced Research Projects Agency.
3. John Perry Barlow, "A Declaration of the Independence of Cyberspace," Electronic Frontier Foundation, 1996, www.eff.org/cyberspace-independence.

4. Henrik Frystyk, "The Internet Protocol Stack," World Wide Web Consortium, July 1994, www. w3. org/People/Frystyk/thesis/TcpIp. html.

5. Kevin Meynell, "Final Report on TCP/IP Migration in 1983," Internet Society, Sept. 15, 2016, www. internetsociety. org/blog/2016/09/final-report-on-tcpip-migration-in-1983/.

6. "Sea Shadow," DARPA, www. darpa. mil/about-us/timeline/sea-shadow/; Catherine Alexandrow, "The Story of GPS," *50 Years of Bridging the Gap*, DARPA, 2008, www. darpa. mil/attachments/(2010)%20Global%20Nav%20-%20About%20Us%20-%20History%20-%20Resources%20-%2050th%20-%20GPS%20(Approved). pdf.

7. Jonathan B. Postel, "Simple Mail Transfer Protocol," Request for Comments:788, Nov. 1981, www. ietf. org/rfc/rfc788. txt. pdf.

8. Katie Hafner and Matthew Lyon, *Where Wizards Stay Up Late* (New York:Simon & Schuster, 1999).

9. "Mosaic Launches an Internet Revolution," National Science Foundation, April 8, 2004, new. nsf. gov/news/mosaic-launches-internet-revolution.

10. "Domain Names and the Network Information Center," SRI International, Sept. 1, 2023, www. sri. com/hoi/domain-names-the-network-information-center/.

11. "Brief History of the Domain Name System," Berkman Klein Center for Internet & Society at Harvard University, 2000, cyber. harvard. edu/icann/pressingissues2000/briefingbook/dnshistory. html.

12. Cade Metz, "Why Does the Net Still Work on Christmas? Paul Mockapetris," *Wired*, July 23, 2012, www. wired. com/2012/07/paul-mockapetris-dns/.

13. Cade Metz, "Remembering Jon Postel—and the Day He Hijacked the Internet," *Wired*, Oct. 15, 2012, www. wired. com/2012/10/joe-postel/.

14. "Jonathan B. Postel:1943-1998," *USC News*, Feb. 1, 1999, www. news. usc. edu/9329/Jonathan-B-Postel-1943-1998/.

15. Maria Farrell, "Quietly, Symbolically, US Control of the Internet Was Just Ended," *Guardian*, March 14, 2016, www. theguardian. com/technology/2016/mar/14/icann-internet-control-domain-names-iana.

16. Molly Fischer, "The Sound of My Inbox," *Cut*, July 7, 2021, www. thecut. com/2021/07/email-newsletters-new-literary-style. html.

17. Sarah Frier, "Musk's Volatility Is Alienating Twitter's Top Content Creators,"

Bloomberg, Dec. 18, 2022, www. bloomberg. com/news/articles/2022-12-19/musk-s-volatility-is-alienating-twitter-s-top-content-creators. ; Taylor Lorenz, "Inside the Secret Meeting That Changed the Fate of Vine Forever," *Mic*, Oct. 29, 2016, www. mic. com/articles/157977/inside-the-secret-meeting-that-changed-the-fate-of-vine-forever; Krystal Scanlon, "In the Platforms' Arms Race for Creators, YouTube Shorts Splashes the Cash," *Digiday*, Feb. 1, 2023, www. digiday. com/marketing/in-the-platforms-arms-race-for-creators-youtube-shorts-splashes-the-cash/.

18. Adi Robertson, "Mark Zuckerberg Personally Approved Cutting Off Vine's Friend Finding Feature," *Verge*, Dec. 5, 2018, www. theverge. com/2018/12/5/18127202/mark-zuckerberg-facebook-vine-friends-api-block-parliament-documents. ; Jane Lytvynenko and Craig Silverman, "The Fake Newsletter: Did Facebook Help Kill Vine?," *BuzzFeed News*, Feb. 20, 2019, www. buzzfeednews. com/article/jane-lytvynenko/the-fake-newsletter-did-facebook-help-kill-vine.

19. Gerry Shih, "On Facebook, App Makers Face a Treacherous Path," *Reuters*, March 10, 2013, www. reuters. com/article/uk-facebook-developers/insight-on-facebook-app-makers-face-a-treacherous-path-idUKBRE92A02T20130311.

20. Kim-Mai Cutler, "Facebook Brings Down the Hammer Again: Cuts Off Message-Me's Access to Its Social Graph," *TechCrunch*, March 15, 2013, techcrunch. com/2013/03/15/facebook-messageme/.

21. Josh Constine and Mike Butcher, "Facebook Blocks Path's 'Find Friends' Access Following Spam Controversy," *TechCrunch*, May 4, 2013, techcrunch. com/2013/05/04/path-blocked/.

22. Isobel Asher Hamilton, "Mark Zuckerberg Downloaded and Used a Photo App That Facebook Later Cloned and Crushed, Antitrust Lawsuit Claims," *Business Insider*, Nov. 5, 2021, www. businessinsider. com/facebook-antitrust-lawsuit-cloned-crushed-phhhoto-photo-app-2021-11.

23. Kim-Mai Cutler, "Facebook Brings Down the Hammer Again: Cuts Off Message-Me's Access to Its Social Graph," *TechCrunch*, March 15, 2013, techcrunch. com/2013/03/15/facebook-messageme/.

24. Justin M. Rao and David H. Reiley, "The Economics of Spam," *Journal of Economic Perspectives* 26, no. 3 (2012): 87-110, pubs. aeaweb. org/doi/pdf/10. 1257/jep. 26. 3. 87; Gordon V. Cormack, Joshua Goodman, and David Heckerman,

"Spam and the Ongoing Battle for the Inbox," *Communications of the Association for Computing Machinery* 50, no. 2 (2007): 24-33, dl. acm. org/doi/10. 1145/1216016. 1216017.

25. Emma Bowman, "Internet Explorer, the Love-to-Hate-It Web Browser, Has Died at 26," NPR, June 15, 2022, www. npr. org/2021/05/22/999343673/internet-explorer-the-love-to-hate-it-web-browser-will-die-next-year.

26. Ellis Hamburger, "You Have Too Many Chat Apps. Can Layer Connect Them?," *Verge*, Dec. 4, 2013, www. theverge. com/2013/12/4/5173726/you-have-too-many-chat-apps-can-layer-connect-them.

27. Erick Schonfeld, "OpenSocial Still 'Not Open for Business,'" *TechCrunch*, Dec. 6, 2007, techcrunch. com/2007/12/06/opensocial-still-not-open-for-business/.

28. Will Oremus, "The Search for the Anti-Facebook," *Slate*, Oct. 28, 2014, slate. com/technology/2014/10/ello-diaspora-and-the-anti-facebook-why-alternative-social-networks-cant-win. html.

29. Christina Bonnington, "Why Google Reader Really Got the Axe," *Wired*, June 6, 2013, www. wired. com/2013/06/why-google-reader-got-the-ax/.

30. Ryan Holmes, "From Inside Walled Gardens, Social Networks Are Suffocating the Internet As We Know It," *Fast Company*, Aug. 9, 2013, www. fastcompany. com/3015418/from-inside-walled-gardens-social-networks-are-suffocating-the-internet-as-we-know-it.

31. Sinclair Target, "The Rise and Demise of RSS," *Two-Bit History*, Sept. 16, 2018, twobithistory. org/2018/09/16/the-rise-and-demise-of-rss. html.

32. Scott Gilbertson, "Slap in the Facebook: It's Time for Social Networks to Open Up," *Wired*, Aug. 6, 2007, www. wired. com/2007/08/open-social-net/.

33. Brad Fitzpatrick, "Thoughts on the Social Graph," bradfitz. com, Aug. 17, 2007, bradfitz. com/social-graph-problem/.

34. Robert McMillan, "How Heartbleed Broke the Internet—and Why It Can Happen Again," *Wired*, April 11, 2014, www. wired. com/2014/04/heartbleedslesson/.

35. Steve Marquess, "Of Money, Responsibility, and Pride," *Speeds and Feeds*, April 12, 2014, veridicalsystems. com/blog/of-money-responsibility-and-pride/.

36. Klint Finley, "Linux Took Over the Web. Now, It's Taking Over the World," *Wired*, Aug. 25, 2016, www. wired. com/2016/08/linux-took-web-now-taking-world/.

第三章　企业网络

1. Mark Zuckerberg quoted in Mathias Döpfner,"Mark Zuckerberg Talks about the Future of Facebook, Virtual Reality and Artificial Intelligence," *Business Insider*, Feb. 28, 2016, www. businessinsider. com/mark-zuckerberg-interview-with-axel-springer-ceo-mathias-doepfner-2016-2.

2. Nick Wingfield and Nick Bilton, Apple Shake-Up Could Lead to Design Shift," *New York Times*, Oct. 31, 2012, www. nytimes. com/2012/11/01/technology/apple-shake-up-could-mean-end-to-real-world-images-in-software. html.

3. Lee Rainie and John B. Horrigan,"Getting Serious Online: As Americans Gain Experience, They Pursue More Serious Activities," Pew Research Center: Internet, Science & Tech, March 3, 2002, www. pewresearch. org/internet/2002/03/03/getting-serious-online-as-americans-gain-experience-they-pursue-more-serious-activities/.

4. William A. Wulf,"Great Achievements and Grand Challenges," National Academy of Engineering, *The Bridge*(vol. 30, issue 3/4), Sept. 1, 2000, www. nae. edu/7461/GreatAchievementsandGrandChallenges/.

5. "Market Capitalization of Amazon," CompaniesMarketCap. com, accessed Sept. 1, 2023, companies marketcap. com/amazon/marketcap/.

6. John B. Horrigan,"Broadband Adoption at Home," Pew Research Center: Internet, Science & Tech, May 18, 2003, www. pewresearch. org/internet/2003/05/18/broadband-adoption-at-home/.

7. Richard MacManus, "The Read/Write Web," *ReadWriteWeb*, April 20, 2003, web. archive. org/web/20100111030848/http://www. readwriteweb. com/archives/the_readwrite_w. php.

8. Adam Cohen, *The Perfect Store: Inside eBay*(Boston: Little, Brown, 2022).

9. Jennifer Sullivan, "Investor Frenzy over eBay IPO," *Wired*, Sept. 24, 1998, www. wired. com/1998/09/investor-frenzy-over-ebay-ipo/.

10. Erick Schonfeld,"How Much Are Your Eyeballs Worth? Placing a Value on a Website's Customers May Be the Best Way to Judge a Net Stock. It's Not Perfect, but on the Net, What Is?," *CNN Money*, Feb. 21, 2000, money. cnn. com/magazines/fortune/fortune_archive/2000/02/21/273860/index. htm.

11. John H. Horrigan,"Home Broadband Adoption 2006," Pew Research Center: Internet, Science & Tech, May 28, 2006, www. pewresearch. org/internet/2006/05/

28/home-broadband-adoption-2006/.

12. Jason Koebler, "10 Years Ago Today, YouTube Launched as a Dating Website," *Vice*, April 23, 2015, www.vice.com/en/article/78xqjx/10-years-ago-today-youtube-launched-as-a-dating-website.

13. Chris Dixon, "Come for the Tool, Stay for the Network," cdixon.org, Jan. 31, 2015, cdixon.org/2015/01/31/come-for-the-tool-stay-for-the-network.

14. Avery Hartmans, "The Rise of Kevin Systrom, Who Founded Instagram 10 Years Ago and Built It into One of the Most Popular Apps in the World," *Business Insider*, Oct. 6, 2020, www.businessinsider.com/kevin-systrom-instagram-ceo-life-rise-2018-9.

15. James Montgomery, "YouTube Slapped with First Copyright Lawsuit for Video Posted Without Permission," *MTV*, July 19, 2006, www.mtv.com/news/dtyii2/youtube-slapped-with-first-copyright-lawsuit-for-video-posted-without-permission.

16. Doug Anmuth, Dae K. Lee, and Katy Ansel, "Alphabet Inc.: Updated Sum-of-the-Parts Valuation Suggests Potential Market Cap of Almost $2T; Reiterate OW & Raising PT to $2,575," North America Equity Research, J. P. Morgan, April 19, 2021.

17. John Heilemann, "The Truth, the Whole Truth, and Nothing but the Truth," *Wired*, Nov. 1, 2000, www.wired.com/2000/11/microsoft-7/.

18. Adi Robertson, "How the Antitrust Battles of the '90s Set the Stage for Today's Tech Giants," *Verge*, Sept. 6, 2018, www.theverge.com/2018/9/6/17827042/antitrust-1990s-microsoft-google-aol-monopoly-lawsuits-history.

19. Brad Rosenfeld, "How Marketers Are Fighting Rising Ad Costs," *Forbes*, Nov. 14, 2022, www.forbes.com/sites/forbescommunicationscouncil/2022/11/14/how-marketers-are-fighting-rising-ad-costs/.

20. Dean Takahashi, "MySpace Says It Welcomes Social Games to Its Platform," *VentureBeat*, May 21, 2010, venturebeat.com/games/myspace-says-it-welcomes-social-games-to-its-platform/; Miguel Helft, "The Class That Built Apps, and Fortunes," *New York Times*, May 7, 2011, www.nytimes.com/2011/05/08/technology/08class.html.

21. Mike Schramm, "Breaking: Twitter Acquires Tweetie, Will Make It Official and Free," *Engadget*, April 9, 2010, www.engadget.com/2010-04-09-breaking-twitter-acquires-tweetie-will-make-it-official-and-fr.html.

22. Mitchell Clark, "The Third-Party Apps Twitter Just Killed Made the Site What It Is Today," *Verge*, Jan. 22, 2023, www.theverge.com/2023/1/22/23564460/twitter-third-party-apps-history-contributions.

23. Ben Popper, "Twitter Follows Facebook Down the Walled Garden Path," *Verge*, July 9, 2012, www.theverge.com/2012/7/9/3135406/twitter-api-open-closed-facebook-walled-garden.

24. Eric Eldon, "Q&A with RockYou—Three Hit Apps on Facebook, and Counting," *VentureBeat*, June 11, 2007, venturebeat.com/business/q-a-with-rockyou-three-hit-apps-on-facebook-and-counting/.

25. Claire Cain Miller, "Google Acquires Slide, Maker of Social Apps," *New York Times*, Aug. 4, 2010, archive.nytimes.com/bits.blogs.nytimes.com/2010/08/04/google-acquires-slide-maker-of-social-apps/.

26. Ben Popper, "Life After Twitter: StockTwits Builds Out Its Own Ecosystem," *Verge*, Sept. 18, 2012, www.the verge.com/2012/9/18/3351412/life-after-twitter-stocktwits-builds-out-its-own-ecosystem.

27. Mark Milian, "Leading App Maker Said to Be Planning Twitter Competitor," CNN, April 13, 2011, www.cnn.com/2011/TECH/social.media/04/13/ubermedia.twitter/index.html.

28. Adam Duvander, "Netflix API Brings Movie Catalog to Your App," *Wired*, Oct. 1, 2008, www.wired.com/2008/10/netflix-api-brings-movie-catalog-to-your-app/.

29. Sarah Mitroff, "Twitter's New Rules of the Road Mean Some Apps Are Roadkill," *Wired*, Sept. 6, 2012, www.wired.com/2012/09/twitters-new-rules-of-the-road-means-some-apps-are-roadkill/.

30. Chris Dixon, "The Inevitable Showdown Between Twitter and Twitter Apps," *Business Insider*, Sept. 16, 2009, www.businessinsider.com/the-coming-showdown-between-twitter-and-twitter-apps-2009-9.

31. Elspeth Reeve, "In War with Facebook, Google Gets Snarky," *Atlantic*, Nov. 11, 2010, www.theatlantic.com/technology/archive/2010/11/in-war-with-facebook-google-gets-snarky/339626/.

32. Brent Schlender, "Whose Internet Is It, Anyway?" *Fortune*, Dec. 11, 1995.

33. Dave Thier, "These Games Are So Much Work," *New York*, Dec. 9, 2011, www.nymag.com/news/intelligencer/zynga-2011-12/.

34. Jennifer Booten,"Facebook Served Disappointing Analyst Note in Wake of Zynga Warning," Fox Business, March 3, 2016, www. foxbusiness. com/features/facebook-served-disappointing-analyst-note-in-wake-of-zynga-warning.

35. Tomio Geran,"Facebook's Dependence on Zynga Drops, Zynga's Revenue to Facebook Flat," *Forbes*, July 31, 2012, www. forbes. com/sites/tomiogeron/2012/07/31/facebooks-dependence-on-zynga-drops-zyngas-revenue-to-facebook-flat/.

36. Harrison Weber,"Facebook Kicked Zynga to the Curb, Publishers Are Next," *VentureBeat*, June 30, 2016, www. venturebeat. com/mobile/facebook-kicked-zynga-to-the-curb-publishers-are-next/; Josh Constine,"Why Zynga Failed," *TechCrunch*, Oct. 5, 2012, www. techcrunch. com/2012/10/05/more-competitors-smarter-gamers-expensive-ads-less-virality-mobile/.

37. Aisha Malik,"Take-Two Completes ＄12. 7B Acquisition of Mobile Games Giant Zynga," *TechCrunch*, May 23, 2022, www. techcrunch. com/2022/05/23/take-two-completes-acquisition-of-mobile-games-giant-zynga/.

38. Simon Kemp,"Digital 2022 October Global Statshot Report," DataReportal, Oct. 20, 2022, datareportal. com/reports/digital-2022-october-global-statshot.

第四章 区块链

1. Vitalik Buterin quoted in "Genius Gala," Liberty Science Center, Feb. 26, 2021, www. lsc. org/gala/vitalik-buterin-1.

2. David Rotman,"We're not prepared for the end of Moore's Law," *MIT Technology Review*, Feb. 24, 2020, www. technologyreview. com/2020/02/24/905789/were-not-prepared-for-the-end-of-moores-law/.

3. Chris Dixon,"What's Next in Computing?," *Software Is Eating the World*, Feb. 21, 2016, medium. com/software-is-eating-the-world/what-s-next-in-computing-e54b870b80cc.

4. Filipe Espósito,"Apple Bought More AI Companies Than Anyone Else Between 2016 and 2020," *9to5Mac*, March 25, 2021, 9to5mac. com/2021/03/25/apple-boughtmore-ai-companies-than-anyone-else-between-2016-and-2020/; Tristan Bove, "Big Tech Is Making Big AI Promises in Earnings Calls as ChatGPT Disrupts the Industry:'You're Going to See a Lot from Us in the Coming Few Months,'" *Fortune*, Feb. 3, 2023, fortune. com/2023/02/03/google-meta-apple-ai-promises-chatgpt-earnings/; Lauren Feiner,"Al-phabet's Self-Driving Car Company Waymo An-

nounces $2.5 Billion Investment Round," CNBC, June 16, 2021, www. cnbc. com/ 2021/06/16/alphabets-waymo-raises-2point5-billion-in-new-investment-round. html.

5. Chris Dixon, "Inside-out vs. Outside-in: The Adoption of New Technologies," Andreessen Horowitz, Jan. 17, 2020, www. a16z. com/2020/01/17/inside-out-vs-outside-in-technology/; cdixon. org, Jan. 17, 2020, www. cdixon. org/2020/01/17/inside-out-vs-outside-in/.

6. Lily Rothman, "More Proof That Steve Jobs Was Always a Business Genius," *Time*, March 5, 2015, www. time. com/3726660/steve-jobs-homebrew/.

7. Michael Calore, "Aug. 25, 1991: Kid from Helsinki Foments Linux Revolution," *Wired*, Aug. 25, 2009, www. wired. com/2009/08/0825-torvalds-starts-linux/.

8. John Battelle, "The Birth of Google," *Wired*, Aug. 1, 2005, www. wired. com/2005/08/battelle/.

9. Ron Miller, "How AWS Came to Be," *TechCrunch*, July 2, 2016, techcrunch. com/2016/07/02/andy-jassys-brief-history-of-the-genesis-of-aws/.

10. Satoshi Nakamoto, "Bitcoin: A Peer-to-Peer Electronic Cash System," Oct. 31, 2008, bitcoin. org/bitcoin. pdf.

11. Trevor Timpson, "The Vocabularist: What's the Root of the Word Computer?," BBC, Feb. 2, 2016, www. bbc. com/news/blogs-magazine-monitor-35428300.

12. Alan Turing, "On Computable Numbers, with an Application to the Entscheidungsproblem," *Proceedings of the London Mathematical Society* 42, no. 2 (1937): 230-65, londmathsoc. onlinelibrary. wiley. com/doi/10. 1112/plms/s2-42. 1. 230.

13. "IBM VM 50th Anniversary," IBM, Aug. 2, 2022, www. vm. ibm. com/history/50th/index. html.

14. Alex Pruden and Sonal Chokshi, "Crypto Glossary: Cryptocurrencies and Blockchain," a16z crypto, Nov. 8, 2019, www. a16zcrypto. com/posts/article/crypto-glossary/.

15. Daniel Kuhn, "CoinDesk Turns 10: 2015—Vitalik Buterin and the Birth of Ethereum," *CoinDesk*, June 2, 2023, www. coindesk. com/consensus-magazine/2023/06/02/coindesk-turns-10-2015-vitalik-buterin-and-the-birth-of-ethereum/.

16. Gian M. Volpicelli, "Ethereum's 'Merge' Is a Big Deal for Crypto—and the Planet," *Wired*, Aug. 18, 2022, www. wired. com/story/ethereum-merge-big-deal-crypto-environment/.

17. Andy Greenberg, "Inside the Bitcoin Bust That Took Down the Web's Biggest

Child Abuse Site," *Wired*, April 7, 2022, www. wired. com/story/tracers-in-the-dark-welcome-to-video-crypto-anonymity-myth/.

18. Lily Hay Newman, "Hacker Lexicon: What Are Zero-Knowledge Proofs?," *Wired*, Sept. 14, 2019, www. wired. com/story/zero-knowledge-proofs/; Elena Burger et al. , "Zero Knowledge Canon, part 1 & 2," a16z crypto, Sept. 16, 2022, www. a16zcrypto. com/posts/article/zero-knowledge-canon/.

19. Joseph Burlseon et al. , "Privacy-Protecting Regulatory Solutions Using Zero-Knowledge Proofs: Full Paper," a16z crypto, Nov. 16, 2022, a16zcrypto. com/posts/article/privacy-protecting-regulatory-solutions-using-zero-knowledge-proofs-full-paper/; Shlomit Azgad-Tromer et al. , "We Can Finally Reconcile Privacy and Compliance in Crypto. Here Are the New Technologies That Will Protect User Data and Stop Illicit Transactions," *Fortune*, Oct. 28, 2022, fortune. com/2022/10/28/finally-reconcile-privacy-compliance-crypto-new-technology-celsius-user-data-leak-illicit-transactions-crypto-tromer-ramaswamy/.

20. Steven Levy, "The Open Secret," *Wired*, April 1, 1999, www. wired. com/1999/04/crypto/.

21. Vitalik Buterin, "Visions, Part 1: The Value of Blockchain Technology," Ethereum Foundation Blog, April 13, 2015, www. blog. ethereum. org/2015/04/13/visions-part-1-the-value-of-blockchain-technology.

22. Osato Avan-Nomayo, "Bitcoin SV Rocked by Three 51% Attacks in as Many Months," *CoinTelegraph*, Aug. 7, 2021, cointelegraph. com/news/bitcoin-sv-rocked-by-three-51-attacks-in-as-many-months; Osato Avan-Nomayo, "Privacy-Focused Firo Cryptocurrency Suffers 51% Attack," *CoinTelegraph*, Jan. 20, 2021, cointelegraph. com/news/privacy-focused-firo-cryptocurrency-suffers-51-attack.

23. Killed by Google, accessed Sept. 1, 2023, killedbygoogle. com/.

第五章　代币

1. César Hidalgo quoted in Denise Fung Cheng, "Reading Between the Lines: Blueprints for a Worker Support Infrastructure in the Emerging Peer Economy," MIT master of science thesis, June 2014, wiki. p2pfoundation. net/Worker_Support_Infrastructure_in_the_Emerging_Peer_Economy.

2. Field Level Media, "Report: League of Legends Produced $1. 75 Billion in Reve-

nue in 2020," *Reuters*, Jan. 11, 2021, www. reuters. com/article/esports-lol-revenue-idUSFLM2vzDZL. ; Jay Peters, "Epic Is Going to Give 40 Percent of Fortnite's Net Revenues Back to Creators," *Verge*, March 22, 2023, www. theverge. com/2023/3/22/23645633/fortnite-creator-economy-2-0-epic-games-editor-state-of-unreal-2023-gdc.

3. Maddison Connaughton, "Her Instagram Handle Was 'Metaverse.' Last Month, It Vanished," *New York Times*, Dec. 13, 2021, www. nytimes. com/2021/12/13/technology/instagram-handle-metaverse. html.

4. Jon Brodkin, "Twitter Commandeers @ X Username from Man Who Had It Since 2007," *Ars Technica*, July 26, 2023, arstechnica. com/tech-policy/2023/07/twitter-took-x-handle-from-longtime-user-and-only-offered-him-some-merch/.

5. Veronica Irwin, "Facebook Account Randomly Deactivated? You're Not Alone," *Protocol*, April 1, 2022, www. protocol. com/bulletins/facebook-account-deactivated-glitch; Rachael Myrow, "Facebook Deleted Your Account? Good Luck Retrieving Your Data," KQED, Dec. 21, 2020, www. kqed. org/news/11851695/facebook-deleted-your-account-good-luck-retrieving-your-data.

6. Anshika Bhalla, "A Quick Guide to Fungible vs. Non-fungible Tokens," Blockchain Council, Dec. 9, 2022, www. blockchain-council. org/blockchain/a-quick-guide-to-fungible-vs-non-fungible-tokens/.

7. Garth Baughman et al., "The Stable in Stablecoins," Federal Reserve FEDS Notes, Dec. 16, 2022, www. federalreserve. gov/econres/notes/feds-notes/the-stable-in-stablecoins-20221216. html.

8. Amitoj Singh, "China Includes Digital Yuan in Cash Circulation Data for First Time," *CoinDesk*, Jan. 11, 2023, www. coindesk. com/policy/2023/01/11/china-includes-digital-yuan-in-cash-circulation-data-for-first-time/.

9. Brian Armstrong and Jeremy Allaire, "Ushering in the Next Chapter for USDC," Coinbase, Aug. 21, 2023, www. coinbase. com/blog/ushering-in-the-next-chapter-for-usdc.

10. Lawrence Wintermeyer, "From Hero to Zero: How Terra Was Toppled in Crypto's Darkest Hour," *Forbes*, May 25, 2022, www. forbes. com/sites/lawrencewintermeyer/2022/05/25/from-hero-to-zero-how-terra-was-toppled-in-cryptos-darkest-hour/.

11. Eileen Cartter, "Tiffany & Co. Is Making a Very Tangible Entrance into the

World of NFTs," *GQ*, Aug. 1, 2022, www. gq. com/story/tiffany-and-co-cryptopunks-nft-jewelry-collaboration.

12. Paul Dylan-Ennis, "Damien Hirst's 'The Currency': What We'll Discover When This NFT Art Project Is Over," *Conversation*, July 19, 2021, theconversation. com/damien-hirsts-the-currency-what-well-discover-when-this-nft-art-project-is-over-164724.
13. Andrew Hayward, "Nike Launches. Swoosh Web3 Platform, with Polygon NFTs Due in 2023," *Decrypt*, Nov. 14, 2022, decrypt. co/114494/nike-swoosh-web3-platform-polygon-nfts.
14. Max Read, "Why Your Group Chat Could Be Worth Millions," *New York*, Oct. 24, 2021, nymag. com/intelligencer/2021/10/whats-a-dao-why-your-group-chat-could-be-worth-millions. html.
15. Geoffrey Morrison, "You Don't Really Own the Digital Movies You Buy," *Wirecutter*, *New York Times*, Aug. 4, 2021, www. nytimes. com/wirecutter/blog/you-dont-own-your-digital-movies/.
16. John Harding, Thomas J. Miceli, and C. F. Sirmans, "Do Owners Take Better Care of Their Housing Than Renters?," *Real Estate Economics* 28, no. 4 (2000): 663-81; "Social Benefits of Homeownership and Stable Housing," National Association of Realtors, April 2012, www. nar. realtor/sites/default/files/migration_files/social-benefits-of-stable-housing-2012-04. pdf.
17. Alison Beard, "Can Big Tech Be Disrupted? A Conversation with Columbia Business School Professor Jonathan Knee," *Harvard Business Review*, Jan. – Feb. 2022, hbr. org/2022/01/can-big-tech-be-disrupted.
18. Chris Dixon, "The Next Big Thing Will Start out Looking Like a Toy," cdixon. org, Jan. 3, 2010, www. cdixon. org/2010/01/03/the-next-big-thing-will-start-out-looking-like-a-toy.
19. Clayton Christensen, "Disruptive Innovation," claytonchristensen. com, Oct. 23, 2012, claytonchristensen. com/key-concepts/.
20. "The Telephone Patent Follies: How the Invention of the Phone was Bell's and not Gray's, or...," The Telecommunications History Group, Feb. 22, 2018, www. telcomhistory. org/the-telephone-patent-follies-how-the-invention-of-the-hone-was-bells-and-not-grays-or/.
21. Brenda Barron, "The Tragic Tale of DEC. The Computing Giant That Died Too

Soon," *Digital. com*, June 15, 2023, digital. com/digital-equipment-corporation/; Joshua Hyatt, "The Business That Time Forgot: Data General Is Gone. But Does That Make Its Founder a Failure?" *Forbes*, April 1, 2023, money. cnn. com/magazines/fsb/fsb_archive/2003/04/01/341000/.

22. Charles Arthur, "How the Smartphone Is Killing the PC," *Guardian*, June 5, 2011, www. theguardian. com/technology/2011/jun/05/smartphones-killing-pc.

23. Jordan Novet, "Microsoft's $13 Billion Bet on OpenAI Carries Huge Potential Along with Plenty of Uncertainty," CNBC, April 8, 2023, www. cnbc. com/2023/04/08/micro softs-complex-bet-on-openai-brings-potential-and-uncertainty. html.

24. Ben Thompson, "What Clayton Christensen Got Wrong," *Stratechery*, Sept. 22, 2013, stratechery. com/2013/clayton-christensen-got-wrong/.

25. Olga Kharif, "Meta to Shut Down Novi Service in September in Crypto Winter," *Bloomberg*, July 1, 2022, www. bloomberg. com/news/articles/2022-07-01/meta-to-shut-down-novi-service-in-september-in-crypto-winter#xj4y7vzkg.

第六章　区块链网络

1. Jane Jacobs, *The Death and Life of Great American Cities* (New York, N. Y. : Random House, 1961).

第七章　社区共创软件

1. Linus Torvalds, *Just for Fun: The Story of an Accidental Revolutionary* (New York: Harper, 2001).

2. David Bunnell, "The Man Behind the Machine?," *PC Magazine*, Feb. – March 1982, www. pcmag. com/news/heres-what-bill-gates-told-pcmag-about-the-ibm-pc-in-1982.

3. Dylan Love, "A Quick Look at the 30-Year History of MS DOS," *Business Insider*, July 27, 2011, www. businessinsider. com/history-of-dos-2011-7; Jeffrey Young, "Gary Kildall: The DOS That Wasn't," *Forbes*, July 7, 1997, www. forbes. com/forbes/1997/0707/6001336a. html? sh = 16952ca9140e.

4. Tim O'Reilly, "Freeware: The Heart & Soul of the Internet," *O'Reilly*, March 1, 1998, www. oreilly. com/pub/a/tim/articles/freeware_0398. html.

5. Alexis C. Madrigal, "The Weird Thing About Today's Internet," *Atlantic*, May 16, 2017, www. theatlantic. com/technology/archive/2017/05/a-very-brief-history-of-

the-last-10-years-in-technology/526767/.
6. "Smart Device Users Spend as Much Time on Facebook as on the Mobile Web," Marketing Charts, April 5, 2013, www. marketingcharts. com/industries/media-and-entertainment-28422.
7. Paul C. Schuytema, "The Lighter Side of Doom," *Computer Gaming World*, Aug. 1994, 140, www. cgwmuseum. org/galleries/issues/cgw_121. pdf.
8. Alden Kroll, "Introducing New Ways to Support Workshop Creators," Steam, April 23, 2015, steamcommunity. com/games/SteamWorkshop/announcements/detail/208632365237576574.
9. Brian Crecente, "League of Legends Is Now 10 Years Old. This Is the Story of Its Birth," *Washington Post*, Oct. 27, 2019, www. washingtonpost. com/video-games/2019/10/27/league-legends-is-now-years-old-this-is-story-its-birth/; Joakim Henningson, "The History of Counter-strike," Red Bull, June 8, 2020, www. redbull. com/se-en/history-of-counterstrike.
10. "History of the OSI," Open Source Initiative, last modified Oct. 2018, opensource. org/history/.
11. Richard Stallman, "Why Open Source Misses the Point of Free Software," GNU Operating System, last modified Feb. 3, 2022, www. gnu. org/philosophy/open-source-misses-the-point. en. html; Steve Lohr, "Code Name: Mainstream," *New York Times*, Aug. 28, 2000, archive. nytimes. com/www. nytimes. com/library/tech/00/08/biztech/articles/28code. html.
12. Frederic Lardinois, "Four Years After Being Acquired by Microsoft, GitHub Keeps Doing Its Thing," *TechCrunch*, Oct. 26, 2022, www. techcrunch. com/2022/10/26/four-years-after-being-acquired-by-microsoft-github-keeps-doing-its-thing/.
13. James Forson, "The Eighth Wonder of the World—Compounding Interest," Regenesys Business School, April 13, 2022, www. regenesys. net/reginsights/the-eighth-wonder-of-the-world-compounding-interest/.
14. "Compound Interest Is Man's Greatest Invention," Quote Investigator, Oct. 31, 2011, quoteinvestigator. com/2011/10/31/compound-interest/.
15. Eric Raymond, *The Cathedral and the Bazaar: Musings on Linux and Open Source by an Accidental Revolutionary* (Sebastopol, Calif. : O'Reilly Media, 1999).

第八章　费率

1. Adam Lashinsky,"Amazon's Jeff Bezos: The Ultimate Disrupter," *Fortune*, Nov. 16,2012, fortune. com/2012/11/16/amazons-jeff-bezos-the-ultimate-disrupter/.

2. Alicia Shepard,"Craig Newmark and Craigslist Didn't Destroy Newspapers, They Outsmarted Them," *USA Today*, June 17, 2018, www. usatoday. com/story/opinion/2018/06/18/craig-newmark-craigslist-didnt-kill-newspapers-outsmarted-them-column/702590002/.

3. Julia Kollewe,"Google and Facebook Bring in One-Fifth of Global Ad Revenue," *Guardian*, May 1, 2017, www. theguardian. com/media/2017/may/02/google-and-facebook-bring-in-one-fifth-of-global-ad-revenue.

4. Linda Kinstler,"How TripAdvisor Changed Travel," *Guardian*, Aug. 17, 2018, www. theguardian. com/news/2018/aug/17/how-tripadvisor-changed-travel.

5. Peter Kafka,"Facebook Wants Creators, but YouTube Is Paying Creators Much, Much More," *Vox*, July 15, 2021, www. vox. com/recode/22577734/facebook-1-billion-youtube-creators-zuckerberg-mr-beast.

6. Matt Binder,"Musk Says Twitter Will Share Ad Revenue with Creators... Who Give Him Money First," *Mashable*, Feb. 3, 2023, mashable. com/article/twitter-ad-revenue-share-creators.

7. Zach Vallese,"In the Three-way Battle Between YouTube, Reels and Tiktok, Creators Aren't Counting on a Big Payday," *CNBC*, February 27, 2023, www. cnbc. com/2023/02/27/in-youtube-tiktok-reels-battle-creators-dont-expect-a-big-payday. html.

8. Hank Green,"So... TikTok Sucks," hankschannel, Jan. 20, 2022, video, www. youtube. com/watch? v = jAZapFzpP64&ab_channel = hankschannel.

9. "Five Fast Facts," Time to Play Fair, Oct. 25,2022, timetoplayfair. com/facts/.

10. Geoffrey A. Fowler,"iTrapped: All the Things Apple Won't Let You Do with Your iPhone," *Washington Post*, May 27, 2021, www. washingtonpost. com/technology/2021/05/27/apple-iphone-monopoly/.

11. "Why Can't I Get Premium in the App?," Spotify, support. spotify. com/us/article/why-cant-i-get-premium-in-the-app/.

12. "Buy Books for Your Kindle App," Help & Customer Service, Amazon, www. amazon. com/gp/help/customer/display. html? nodeId = GDZF9S2BRW5NWJCW.

13. *Epic Games Inc. v. Apple Inc.*, U. S. District Court for the Northern District of California, Sept. 10, 2021; Bobby Allyn, "What the Ruling in the Epic Games v. Apple Lawsuit Means for iPhone Users," *All Things Considered*, NPR, Sept. 10, 2021, www. npr. org/2021/09/10/1036043886/apple-fortnite-epic-games-ruling-explained.

14. Foo Yun Chee, "Apple Faces $1 Billion UK Lawsuit by App Developers over App Store Fees," *Reuters*, July 24, 2023, www. reuters. com/technology/apple-faces-1-bln-uk-lawsuit-by-apps-developers-over-app-store-fees-2023-07-24/.

15. "Understanding Selling Fees," eBay, accessed Sept. 1, 2023, www. ebay. com/sellercenter/selling/seller-fees.

16. "Fees & Payments Policy," Etsy, accessed Sept. 1, 2023, www. etsy. com/legal/fees/.

17. Sam Aprile, "How to Lower Seller Fees on StockX," StockX, Aug. 25, 2021, stockx. com/news/how-to-lower-seller-fees-on-stockx/.

18. Jefferson Graham, "There's a Reason So Many Amazon Searches Show You Sponsored Ads," *USA Today*, Nov. 9, 2018, www. usatoday. com/story/tech/talkingtech/2018/11/09/why-so-many-amazon-searches-show-you-sponsored-ads/1858553002/.

19. Jason Del Rey, "Basically Everything on Amazon Has Become an Ad," *Vox*, Nov. 10, 2022, www. vox. com/recode/2022/11/10/23450349/amazon-advertising-everywhere-prime-sponsored-products.

20. "Meta Platforms Gross Profit Margin (Quarterly)," YCharts, last modified Dec. 2022, ycharts. com/companies/META/gross_profit_margin.

21. "Fees," Uniswap Docs, accessed Sept. 1, 2023, docs. uniswap. org/contracts/v2/concepts/advanced-topics/fees; Coin Metrics data to calculate Ethereum take rate, accessed July 2023, charts. coin metrics. io/crypto-data/.

22. Moxie Marlinspike, "My First Impressions of Web3," moxie. org, Jan. 7, 2022, moxie. org/2022/01/07/web3-first-impressions. html.

23. Callan Quinn, "What Blur's Success Reveals About NFT Marketplaces," *Forbes*, March 17, 2023, www. forbes. com/sites/digital-assets/2023/03/17/what-blurs-success-reveals-about-nft-marketplaces/.

24. Clayton M. Christensen and Michael E. Raynor, *The Innovator's Solution: Creating and Sustaining Successful Growth* (Brighton, Mass.: Harvard Business Review

Press, 2013).

25. Daisuke Wakabayashi and Jack Nicas, "Apple, Google, and a Deal That Controls the Internet," *New York Times*, Oct. 25, 2020, www. nytimes. com/2020/10/25/technology/apple-google-search-antitrust. html.

26. Alioto Law Firm, "Class Action Lawsuit Filed in California Alleging Google Is Paying Apple to Stay out of the Search Engine Business," PRNewswire, Jan. 3, 2022, www. prnewswire. com/news-releases/class-action-lawsuit-filed-in-california-alleging-google-is-paying-apple-to-stay-out-of-the-search-engine-business-301453098. html.

27. Lisa Eadicicco, "Google's Promise to Simplify Tech Puts Its Devices Everywhere," *CNET*, May 12, 2022, www. cnet. com/tech/mobile/googles-promise-to-simplify-tech-puts-its-devices-everywhere/; Chris Dixon, "What's Strategic for Google?," cdixon. org, Dec. 30, 2009, cdixon. org/2009/12/30/whats-strategic-for-google.

28. Joel Spolsky, "Strategy Letter V," *Joel on Software*, June 12, 2002, www. joelonsoftware. com/2002/06/12/strategy-letter-v/.

第九章　利用代币激励构建网络

1. Quote widely attributed to Charlie Munger as in Joshua Brown, "Show me the incentives and I will show you the outcomes," *Reformed Broker*, Aug. 26, 2018, thereformedbroker. com/2018/08/26/show-me-the-incentives-and-i-will-show-you-the-outcome/.

2. David Weinberger, David Searls, and Christopher Locke, *The Cluetrain Manifesto: The End of Business as Usual* (New York: Basic Books, 2000).

3. Uniswap Foundation, "Uniswap Grants Program Retrospective," June 20, 2022, mirror. xyz/kennethng. eth/0WHWvyE4Fzz50aORNg3ixZMlvFjZ7frkqxnY4UIfZxo; Brian Newar, "Uniswap Foundation Proposal Gets Mixed Reaction over ＄74M Price Tag," *CoinTelegraph*, Aug. 5, 2022, cointelegraph. com/news/uniswap-foundation-proposal-gets-mixed-reaction-over-74m-price-tag.

4. "What Is Compound in 5 Minutes," *Cryptopedia*, Gemini, June 28, 2022, www. gemini. com/en-US/cryptopedia/what-is-compound-and-how-does-it-work.

5. Daniel Aguayo et al., "MIT Roofnet: Construction of a Community Wireless Network," MIT Computer Science and Artificial Intelligence Laboratory, Oct. 2003,

pdos. csail. mit. edu/~biswas/sosp-poster/roofnet-abstract. pdf; Marguerite Reardon, "Taking Wi-Fi Power to the People," *CNET*, Oct. 27, 2006, www. cnet. com/home/internet/taking-wi-fi-power-to-the-people/; Bliss Broyard, " 'Welcome to the Mesh, Brother': Guerrilla Wi-Fi Comes to New York," *New York Times*, July 16, 2021, www. nytimes. com/2021/07/16/nyregion/nyc-mesh-community-internet. html.

6. Ali Yahya, Guy Wuollet, and Eddy Lazzarin, "Investing in Helium," a16z crypto, Aug. 10, 2021, a16zcrypto. com/content/announcement/investing-in-helium/.

7. C+Charge, "C+Charge Launch Revolutionary Utility Token for EV Charging Station Management and Payments That Help Organize and Earn Carbon Credits for Holders," press release, April 22, 2022, www. globenewswire. com/news-release/2022/04/22/2427642/0/en/C-Charge-Launch-Revolutionary-Utility-Token-for-EV-Charging-Station-Management-and-Payments-That-Help-Organize-and-Earn-Carbon-Credits-for-Holders. html; Swarm, "Swarm, Ethereum's Storage Network, Announces Mainnet Storage Incentives and Web3PC Inception," Dec. 21, 2022, news. bitcoin. com/swarm-ethereums-storage-network-announces-mainnet-storage-incentives-and-web3pc-inception/; Shashi Raj Pandey, Lam DucNguyen, and Petar Popovski, "FedToken: Tokenized Incentives for Data Contribution in Federated Learning," last modified Nov. 3, 2022, arxiv. org/abs/2209. 09775.

8. Adam L. Penenberg, "PS: I Love You. Get Your Free Email at Hotmail," *TechCrunch*, Oct. 18, 2009, tech crunch. com/2009/10/18/ps-i-love-you-get-your-free-email-at-hotmail/.

9. Juli Clover, "Apple Reveals the Most Downloaded iOS Apps and Games of 2021," *MacRumors*, Dec. 1, 2021, www. macrumors. com/2021/12/02/apple-most-downloaded-apps-2021.

10. Rita Liao and Catherine Shu, "TikTok's Epic Rise and Stumble," *TechCrunch*, Nov. 16, 2020, techcrunch. com/2020/11/26/tiktok-timeline/.

11. Andrew Chen, "How Startups Die from Their Addiction to Paid Marketing," andrewchen. com, accessed March 1, 2023 (originally tweeted May 7, 2018), andrewchen. com/paid-marketing-addiction/.

12. Abdo Riani, "Are Paid Ads a Good Idea for Early-Stage Startups?," *Forbes*, April 2, 2021, www. forbes. com/sites/abdoriani/2021/04/02/are-paid-ads-a-good-idea-for-early-stage-startups/; Willy Braun, "You Need to Lose Money, but a

Negative Gross Margin Is a Really Bad Idea," *daphni chronicles*, Medium, Feb. 28, 2016, medium. com/daphni-chronicles/you-need-to-lose-money-but-a-negative-gross-margin-is-a-really-bad-idea-82ad12cd6d96; Anirudh Damani, "Negative Gross Margins Can Bury Your Startup," *ShowMeDamani*, Aug. 25, 2020, www. showmedamani. com/post/negative-gross-margins-can-bury-your-startup.

13. Grace Kay, "The History of Dogecoin, the Cryptocurrency That Surged After Elon Musk Tweeted About It but Started as a Joke on Reddit Years Ago," *Business Insider*, Feb. 9, 2021, www. businessinsider. com/what-is-dogecoin-2013-12.

14. "Dogecoin," Reddit, Dec. 8, 2013, www. reddit. com/r/dogecoin/.

15. Julia Glum, "To Have and to HODL: Welcome to Love in the Age of Cryptocurrency," *Money*, Oct. 20, 2021, money. com/cryptocurrency-nft-bitcoin-love-relationships/.

16. "Introducing Uniswap V3," Uniswap, March 23, 2021, uniswap. org/blog/uniswap-v3.

17. Cam Thompson, "DeFi Trading Hub Uniswap Surpasses ＄1T in Lifetime Volume," *CoinDesk*, May 25, 2022, www. coindesk. com/business/2022/05/24/defi-trading-hub-uniswap-surpasses-1t-in-lifetime-volume/.

18. Brady Dale, "Uniswap's Retroactive Airdrop Vote Put Free Money on the Campaign Trail," *CoinDesk*, Nov. 3, 2020, www. coindesk. com/business/2020/11/03/uniswaps-retroactive-airdrop-vote-put-free-money-on-the-campaign-trail/.

19. Ari Levy and Salvador Rodriguez, "These Airbnb Hosts Earned More Than ＄15,000 on Thursday After the Company Let Them Buy IPO Shares," CNBC, Dec. 10, 2020, www. cnbc. com/2020/12/10/airbnb-hosts-profit-from-ipo-pop-spreading-wealth-beyond-investors. html; Chaim Gartenberg, "Uber and Lyft Reportedly Giving Some Drivers Cash Bonuses to Use Towards Buying IPO Stock," *Verge*, Feb. 28, 2019, www. theverge. com/2019/2/28/18244479/uber-lyft-drivers-cash-bonus-stock-ipo-sec-rules.

20. Andrew Hayward, "Flow Blockchain Now 'Controlled by Community,' Says Dapper Labs," *Decrypt*, Oct. 20, 2021, decrypt. co/83957/flow-blockchain-controlled-community-dapper-labs; Lauren Stephanian and CooperTurley, "Optimizing Your Token Distribution," Jan. 4, 2022, lstephanian. mirror. xyz/kB9Jz_5joqbY0ePO8rU1NNDKhiqvzU6OWyYsbSA-Kcc.

第十章　代币经济学

1. Thomas Sowell quoted in Mark J. Perry, "Quotations of the Day from Thomas Sowell," American Enterprise Institute, April 1, 2014, www.aei.org/carpe-diem/quotations-of-the-day-from-thomas-sowell-2/.
2. Laura June, "For Amusement Only: The Life and Death of the American Arcade," *Verge*, Jan. 16, 2013, www.theverge.com/2013/1/16/3740422/the-life-and-death-of-the-american-arcade-for-amusement-only.
3. Kyle Orland, "How EVE Online Builds Emotion out of Its Strict In-Game Economy," *Ars Technica*, Feb. 5, 2014, arstechnica.com/gaming/2014/02/how-eve-online-builds-emotion-out-of-its-strict-in-game-economy/.
4. Scott Hillis, "Virtual World Hires Real Economist," *Reuters*, Aug. 16, 2007, www.reuters.com/article/us-videogames-economist-life/virtual-world-hires-real-economist-idUSN0925619220070816.
5. Steve Jobs quoted in Brent Schlender, "The Lost Steve Jobs Tapes," *Fast Company*, April 17, 2012, www.fastcompany.com/1826869/lost-steve-jobs-tapes.
6. Sujha Sundararajan, "Billionaire Warren Buffett Calls Bitcoin 'Rat Poison Squared,'" *CoinDesk*, Sept. 13, 2021, www.coindesk.com/markets/2018/05/07/billionaire-warren-buffett-calls-bitcoin-rat-poison-squared/.
7. Theron Mohamed, "'Big Short' Investor Michael Burry Slams NFTs with a Quote Warning 'Crypto Grifters' Are Selling Them as 'Magic Beans,'" Markets, *Business Insider*, March 16, 2021, markets.businessinsider.com/currencies/news/big-short-michael-burry-slams-nft-crypto-grifters-magic-beans-2021-3-1030214014.
8. Carlota Perez, *Technological Revolutions and Financial Capital: The Dynamics of Bubbles and Golden Ages* (Northampton, Mass.: Edward Elgar, 2014).
9. "Gartner Hype Cycle Research Methodology," Gartner, accessed Sept. 1, 2023, www.gartner.com/en/research/methodologies/gartner-hype-cycle.（Gartner 和 Hype Cycle 是高德纳公司及其子公司在美国和国际上的注册商标，本文经授权使用。保留所有权利。）
10. Doug Henton and Kim Held, "The Dynamics of Silicon Valley: Creative Destruction and the Evolution of the Innovation Habitat," *Social Science Information* 52 (4): 539-57, 2013, https://journals.sagepub.com/doi/10.1177/0539018413497542.
11. David Mazor, "Lessons from Warren Buffett: In the Short Run the Market Is a

Voting Machine, in the Long Run a Weighing Machine," *Mazor's Edge*, Jan. 7, 2023, mazorsedge. com/lessons-from-warren-buffett-in-the-short-run-the-market-is-a-voting-machine-in-the-long-run-a-weighing-machine/.

第十一章　网络治理

1. Winston Churchill, House of Commons speech, Nov. 11, 1947, quoted in Richard Langworth, *Churchill By Himself: The Definitive Collection of Quotations* (New York, N. Y. : PublicAffairs, 2008), 574.

2. "Current Members and Testimonials," World Wide Web Consortium, accessed March 2, 2023, www. w3. org/Consortium/Member/List.

3. "Introduction to the IETF," Internet Engineering Task Force, accessed March 2, 2023, www. ietf. org/.

4. A. L. Russell, "'Rough Consensus and Running Code' and the Internet-OSI Standards War," *Institute of Electrical and Electronics Engineers Annals of the History of Computing* 28, no. 3 (2006), https://ieeexplore. ieee. org/document/1677461.

5. Richard Cooke, "Wikipedia Is the Last Best Place on the Internet," *Wired*, Feb. 17, 2020, www. wired. com/story/wikipedia-online-encyclopedia-best-place-internet/.

6. "History of the Mozilla Project," Mozilla, accessed Sept. 1, 2023, www. mozilla. org/en-US/about/history/.

7. Steven Vaughan-Nichols, "Firefox Hits the Jackpot with Almost Billion Dollar Google Deal," *ZDNET*, Dec. 22, 2011, www. zdnet. com/article/firefox-hits-the-jackpot-with-almost-billion-dollar-google-deal/.

8. Jordan Novet, "Mozilla Acquires ReadIt-Later App Pocket, Will Open-Source the Code," *VentureBeat*, Feb. 27, 2017, venturebeat. com/mobile/mozilla-acquires-read-it-later-app-pocket-will-open-source-the-code/; Paul Sawers, "Mozilla Acquires the Team Behind Pulse, an Automated Status Updater for Slack," *TechCrunch*, Dec. 1, 2022, techcrunch. com/2022/12/01/mozilla-acquires-the-team-behind-pulse-an-automated-status-update-tool-for-slack/.

9. Devin Coldewey, "OpenAI Shifts from Nonprofit to 'Capped-Profit' to Attract Capital," *TechCrunch*, March 11, 2019, techcrunch. com/2019/03/11/openai-shifts-from-nonprofit-to-capped-profit-to-attract-capital/.

10. Elizabeth Dwoskin, "Elon Musk Wants a Free Speech Utopia. Technologists Clap

Back," *Washington Post*, April 18, 2022, www. washingtonpost. com/technology/ 2022/04/18/musk-twitter-free-speech/.

11. Taylor Hatmaker, "Jack Dorsey Says His Biggest Regret Is That Twitter Was a Company At All," *TechCrunch*, Aug. 26, 2022, techcrunch. com/2022/08/26/ jack-dorsey-biggest-regret/.

12. "The Friend of a Friend (FOAF) Project," FOAF Project, 2008, web. archive. org/ web/20080904205214/http∶//www. foaf-project. org/projects; Sinclair Target, "Friend of a Friend：The Facebook That Could Have Been," *Two-Bit History*, Jan. 5, 2020, twobithistory. org/2020/01/05/foaf. html#fn∶1.

13. Erick Schonfeld, "StatusNet (of Identi. ca Fame) Raises ＄875,000 to Become the WordPress of Microblogging," *TechCrunch*, Oct. 27, 2009, techcrunch. com/ 2009/10/27/statusnet-of-identi-ca-fame-raises-875000-to-become-the-wordpress- of-microblogging/.

14. George Anadiotis, "Manyverse and Scuttlebutt∶A Human-Centric Technology Stack for Social Applications," *ZDNET*, Oct. 25, 2018, www. zdnet. com/article/ manyverse-and-scuttlebutt-a-human-centric-technology-stack-for-social-applica- tions/.

15. Harry McCracken, "Tim Berners-Lee Is Building the Web's 'Third Layer.' Don't Call It Web3," *Fast Company*, Nov. 8, 2022, www. fastcompany. com/ 90807852/tim-berners-lee-inrupt-solid-pods.

16. Barbara Ortutay, "Bluesky, Championed by Jack Dorsey, Was Supposed to Be Twitter 2. 0. Can It Succeed?" *AP*, June 6, 2023, apnews. com/article/bluesky- twitter-jack-dorsey-elon-musk-invite-f2b4fb2fefd34f0149cec2d87857c766.

17. Gregory Barber, "Meta's Threads Could Make—or Break—the Fediverse," *Wired*, July 18, 2023, www. wired. com/story/metas-threads-could-make-or-break- the-fediverse/.

18. Stephen Shankland, "I Want to Like Mastodon. The Decentralized Network Isn't Making That Easy," *CNET*, Nov. 14, 2022, www. cnet. com/news/social-media/ i-want-to-like-mastodon-the-decentralized-network-isnt-making-that-easy/.

19. Sarah Jamie Lewis, "Federation Is the Worst of All Worlds," *Field Notes*, July 10, 2018, fieldnotes. resistant. tech/federation-is-the-worst-of-all-worlds/.

20. Steve Gillmor, "Rest in Peace, RSS," *TechCrunch*, May 5, 2009, techcrunch. com/2009/05/05/rest-in-peace-rss/；Erick Schonfeld, "Twitter's Internal Strate-

gy Laid Bare: To Be 'the Pulse of the Planet,'" *TechCrunch*, July 16, 2009, techcrunch. com/2009/07/16/twitters-internal-strategy-laid-bare-to-be-the-pulse-of-the-planet-2/.

21. "HTTPS as a Ranking Signal," *Google Search Central*, Aug. 7, 2014, developers. google. com/search/blog/2014/08/https-as-ranking-signal; Julia Love, "Google Delays Phasing Out Ad Cookies on Chrome Until 2024," *Bloomberg*, July 27, 2022, www. bloomberg. com/news/articles/2022-07-27/google-delays-phasing-out-ad-cookies-on-chrome-until-2024? leadSource = uverify%20wall; Daisuke Wakabayashi, "Google Dominates Thanks to an Unrivaled View of the Web," *New York Times*, Dec. 14, 2020, www. nytimes. com/2020/12/14/technology/how-google-dominates. html.

22. Jo Freeman, "The Tyranny of Structurelessness," 1972, www. jofreeman. com/joreen/tyranny. htm.

第十二章　计算机文化与赌场文化

1. Andy Grove quoted in Walter Isaacson, "Andrew Grove: Man of the Year," *Time*, Dec. 29, 1997, time. com/4267448/andrew-grove-man-of-the-year/.

2. Andrew R. Chow, "After FTX Implosion, Bahamian Tech Entrepreneurs Try to Pick Up the Pieces," *Time*, March 30, 2023, time. com/6266711/ftx-bahamas-crypto/; Sen. Pat Toomey (R-Pa.), "Toomey: Misconduct, Not Crypto, to Blame for FTX Collapse," U. S. Senate Committee on Banking, Housing, and Urban Affairs, Dec. 14, 2022, www. banking. senate. gov/newsroom/minority/toomey-misconduct-not-crypto-to-blame-for-ftx-collapse.

3. Jason Brett, "In 2021, Congress Has Introduced 35 Bills Focused on U. S. Crypto Policy," *Forbes*, Dec. 27, 2021, www. forbes. com/sites/jasonbrett/2021/12/27/in-2021-congress-has-introduced-35-bills-focused-on-us-crypto-policy/.

4. U. S. Securities and Exchange Commission, "Kraken to Discontinue Unregistered Offer and Sale of Crypto Asset Staking-as-a-Service Program and Pay $30 Million to Settle SEC Charges," press release, Feb. 9, 2023, www. sec. gov/news/press-release/2023-25; Sam Sutton, "Treasury: It's Time for a Crypto Crackdown," *Politico*, Sept. 16, 2022, www. politico. com/newsletters/morning-money/2022/09/16/treasury-its-time-for-a-crypto-crackdown-00057144; Jonathan Yerushalmy and Alex Hern, "SEC Crypto Crackdown: US Regulator Sues Binance and Coinbase,"

Guardian, June 6, 2023, www. theguardian. com/technology/2023/jun/06/sec-crypto-crackdown-us-regulator-sues-binance-and-coinbase; Sidhartha Shukla, "The Cryptocurrencies Getting Hit Hardest Under the SEC Crackdown," *Bloomberg*, June 13, 2023, www. bloomberg. com/news/articles/2023-06-13/these-are-the-19-cryptocurrencies-are-securities-the-sec-says.

5. Paxos, "Paxos Will Halt Minting New BUSD Tokens," Feb. 13, 2023, paxos. com/2023/02/13/paxos-will-halt-minting-new-busd-tokens/; "New Report Shows 1 Million Tech Jobs at Stake in US Due to Regulatory Uncertainty," Coinbase, March 29, 2023, www. coinbase. com/blog/new-report-shows-1m-tech-jobs-at-stake-in-us-crypto-policy.

6. Ashley Belanger, "America's Slow-Moving, Confused Crypto Regulation Is Driving Industry out of US," *Ars Technica*, Nov. 8, 2022, arstechnica. com/tech-policy/2022/11/Americas-slow-moving-confused-crypto-regulation-is-driving-industry-out-of-us/; Jeff Wilser, "US Crypto Firms Eye Overseas Move Amid Regulatory Uncertainty," *Coindesk*, May 27, 2023, www. coindesk. com/consensus-magazine/2023/03/27/crypto-leaving-us/.

7. "Framework for 'Investment Contract' Analysis of Digital Assets," U. S. Securities and Exchange Commission, 2019, www. sec. gov/corpfin/framework-investment-contract-analysis-digital-assets.

8. Miles Jennings, "Decentralization for Web3 Builders: Principles, Models, How," a16z crypto, April 7, 2022, a16zcrypto. com/posts/article/web3-decentralization-models-framework-principles-how-to/.

9. "Watch GOP Senator and SEC Chair Spar Over Definition of Bitcoin," *CNET* highlights, Sept. 16, 2022, www. youtube. com/watch? v = 3H19OF3lbnA; Miles Jennings and Brian Quintenz, "It's Time to Move Crypto from Chaos to Order," *Fortune*, July 15, 2023, fortune. com/crypto/2023/07/15/its-time-to-move-crypto-from-chaos-to-order/; Andrew St. Laurent, "Despite Ripple, Crypto Projects Still Face Uncertainty and Risks," *Bloomberg Law*, July 31, 2023, news. bloomberglaw. com/us-law-week/despite-ripple-crypto-projects-still-face-uncertainty-and-risks; "Changing Tides or a Ripple in Still Water? Examining the SEC v. Ripple Ruling," Ropes & Gray, July 25, 2023, www. ropesgray. com/en/newsroom/alerts/2023/07/changing-tides-or-a-ripple-in-still-water-examining-the-sec-v-ripple-ruling; JackSolowey and Jennifer J. Schulp, "We Need Regulatory Clarity to Keep

Crypto Exchanges Onshore and DeFi Permissionless," *Cato Institute*, May 10, 2023, www. cato. org/commentary/we-need-regulatory-clarity-keep-crypto-exchanges-onshore-defi-permissionless.

10. *U. S. Securities and Exchange Commission v. W. J. Howey Co. et al.*, 328 U. S. 293 (1946).

11. "Framework for 'Investment Contract' Analysis of Digital Assets," U. S. Securities and Exchange Commission, 2019, www. sec. gov/corpfin/framework-investment-contract-analysis-digital-assets.

12. Maria Gracia Santillana Linares, "How the SEC's Charge That Cryptos Are Securities Could Face an Uphill Battle," *Forbes*, Aug. 14, 2023, www. forbes. com/sites/digital-assets/2023/08/14/how-the-secs-charge-that-cryptos-are-securities-could-face-an-uphill-battle/; Jesse Coghlan, "SEC Lawsuits: 68 Cryptocurrencies Are Now Seen as Securities by the SEC," *Cointelegraph*, June 6, 2023, cointelegraph. com/news/sec-labels-61-cryptocurrencies-securities-after-binance-suit/.

13. David Pan, "SEC's Gensler Reiterates 'Proof-of-Stake' Crypto Tokens May Be Securities," *Bloomberg*, March 15, 2023, www. bloomberg. com/news/articles/2023-03-15/sec-s-gary-gensler-signals-tokens-like-ether-are-securities.

14. Jesse Hamilton, "U. S. CFTC Chief Behnam Reinforces View of Ether as Commodity," *CoinDesk*, March 28, 2023, www. coindesk. com/policy/2023/03/28/us-cftc-chief-behnam-reinforces-view-of-ether-as-commodity/; Sandali Handagama, "U. S. Court Calls ETH a Commodity While Tossing Investor Suit Against Uniswap," *CoinDesk*, Aug. 31, 2023, www. coindesk. com/policy/2023/08/31/us-court-calls-eth-a-commodity-while-tossing-investor-suit-against-uniswap/.

15. Faryar Shirzad, "The Crypto Securities Market is Waiting to be Unlocked. But First We Need Workable Rules," Coinbase, July 21, 2022, www. coinbase. com/blog/the-crypto-securities-market-is-waiting-to-be-unlocked-but-first-we-need-workable-rules; Securities Clarity Act, H. R. 4451, 117th Cong. (2021); Token Taxonomy Act, H. R. 1628, 117th Cong. (2021).

16. Allyson Versprille, "House Stablecoin Bill Would Put Two-Year Ban on Terra-Like Coins," *Bloomberg*, Sept. 20, 2022, www. bloomberg. com/news/articles/2022-09-20/housestablecoin-bill-would-put-two-year-ban-on-terra-like-coins; Andrew Asmakov, "New York Signs Two-Year Crypto Mining Moratorium into Law," *Decrypt*, Nov. 23, 2022, decrypt. co/115416/new-york-signs-2-year-cryp-

to-mining-moratorium-law.

17. John Micklethwait and Adrian Wooldridge, *The Company: A Short History of a Revolutionary Idea* (New York: Modern Library, 2005); Tyler Halloran, "A Brief History of the Corporate Form and Why It Matters," *Fordham Journal of Corporate and Financial Law*, Nov. 18, 2018, news. law. fordham. edu/jcfl/2018/11/18/a-brief-history-of-the-corporate-form-and-why-it-matters/.

18. Ron Harris, "A New Understanding of the History of Limited Liability: An Invitation for Theoretical Reframing," *Journal of Institutional Economics* 16, no. 5 (2020): 643-64, doi: 10. 1017/S1744137420000181.

19. William W. Cook, "'Watered Stock'—Commissions—'Blue Sky Laws'—Stock Without Par Value," *Michigan Law Review* 19, no. 6 (1921): 583-98, doi. org/10. 2307/1276746.

第十三章 iPhone 时代：从孵化到成长

1. Arthur C. Clarke, foreword to Ervin Laszlo, *Macroshift: Navigating the Transformation to a Sustainable World* (Oakland, Calif. : Berrett-Koehler, 2001).

2. Randy Alfred, "Dec. 19, 1974: Build Your Own Computer at Home!," *Wired*, Dec. 19, 2011, www. wired. com/2011/12/1219altair-8800-computer-kit-goes-on-sale/.

3. Michael J. Miller, "Project Chess: The Story Behind the Original IBM PC," *PCMag*, Aug. 12, 2021, www. pcmag. com/news/project-chess-the-story-behind-the-original-ibm-pc.

4. David Shedden, "Today in Media History: Lotus 1-2-3 Was the Killer App of 1983," *Poynter*, Jan. 26, 2015, www. poynter. org/reporting-editing/2015/today-in-media-history-lotus-1-2-3-was-the-killer-app-of-1983/.

5. "Celebrating the NSFNET," NSFNET, Feb. 2, 2017, nsfnet-legacy. org/.

6. Michael Calore, "April 22, 1993: Mosaic Browser Lights Up Web with Color, Creativity," *Wired*, April 22, 2010, www. wired. com/2010/04/0422mosaic-web-browser/.

7. Warren McCulloch and Walter Pitts, "A Logical Calculus of the Ideas Immanent in Nervous Activity," *Bulletin of Mathematical Biophysics* 5 (1943): 115-33.

8. Alan Turing, "Computing Machinery and Intelligence," *Mind*, n. s. , 59, no. 236 (Oct. 1950): 433-60, phil415. pbworks. com/f/TuringComputing. pdf.

9. Rashan Dixon,"Unleashing the Power of GPUs for Deep Learning:A Game-Changing Advancement in AI," *DevX*,July 6,2023,www. devx. com/news/unleashing-the-power-of-gpus-for-deep-learning-a-game-changing-advancement-in-ai/.

第十四章 一些前景广阔的应用

1. Kevin Kelly,"1,000 True Fans," *The Technium*,March 4,2008,kk. org/thetechnium/1000-true-fans/.
2. "How Much Time Do People Spend on Social Media and Why?," *Forbes India*, Sept. 3, 2022, www. forbesindia. com/article/lifes/how-much-time-do-people-spend-on-social-media-and-why/79477/1.
3. Belle Wong and Cassie Bottorff,"Average Salary by State in 2023," *Forbes*, Aug. 23,2023,www. forbes. com/advisor/business/average-salary-by-state/.
4. Neal Stephenson,*Snow Crash* (New York:Bantam Spectra,1992).
5. Dean Takahashi,"Epic's Tim Sweeney:Be Patient. The Metaverse Will Come. And It Will Be Open," *VentureBeat*, Dec. 16, 2016, venturebeat. com/business/epics-tim-sweeney-be-patient-the-metaverse-will-come-and-it-will-be-open/.
6. Daniel Tack,"The Subscription Transition:MMORPGs and Free-to-Play," *Forbes*,Oct. 9,2013,www. forbes. com/sites/danieltack/2013/10/09/the-subscription-transition-mmorpgs-and-free-to-play/.
7. Kyle Orland, "The Return of the ＄70 Video Game Has Been a Long Time Coming," *Ars Technica*, July 9, 2020, arstechnica. com/gaming/2020/07/the-return-of-the-70-video-game-has-been-a-long-time-coming/.
8. Mitchell Clark,"Fortnite Made More Than ＄9 Billion in Revenue in Its First Two Years," *Verge*, May 3, 2021, www. theverge. com/2021/5/3/22417447/fortnite-revenue-9-billion-epic-games-apple-antitrust-case;Ian Thomas, "How Free-to-Play and In-Game Purchases Took Over the Video Game Industry," CNBC, Oct. 6, 2022, www. cnbc. com/2022/10/06/how-free-to-play-and-in-game-purchases-took-over-video-games. html.
9. Vlad Savov,"Valve Is Letting Money Spoil the Fun of Dota 2," *Verge*,Feb. 16, 2015, www. theverge. com/2015/2/16/8045369/valve-dota-2-in-game-augmentation-pay-to-win.
10. Wallace Witkowski,"Videogames Are a Bigger Industry Than Movies and North American Sports Combined, Thanks to the Pandemic," *MarketWatch*, Dec. 22,

2020, www. marketwatch. com/story/videogames-are-a-bigger-industry-than-sports-and-movies-combined-thanks-to-the-pandemic-11608654990.

11. Felix Richter,"Video Games Beat Blockbuster Movies out of the Gate," *Statista*, Nov. 6, 2018, www. statista. com/chart/16000/video-game-launch-sales-vs-movie-openings/.

12. Jeffrey Rousseau," Newzoo: Revenue Across All Video Game Market Segments Fell in 2022," *GamesIndustry. biz*, May 30, 2023, www. gamesindustry. biz/newzoo-revenue-across-all-video-game-market-segments-fell-in-2022.

13. Jacob Wolf,"Evo: An Oral History of Super Smash Bros. Melee," *ESPN*, July 12, 2017, www. espn. com/esports/story/_/id/19973997/evolution-championship-series-melee-oral-history-evo.

14. Andy Maxwell," How Big Music Threatened Startups and Killed Innovation," *Torrent Freak*, July 9, 2012, torrentfreak. com/how-big-music-threatened-startups-and-killed-innovation-120709/.

15. David Kravets, " Dec. 7, 1999: RIAA Sues Napster," *Wired*, Dec. 7, 2009, www. wired. com/2009/12/1207riaa-sues-napster/; Michael A. Carrier, " Copyright and Innovation: The Untold Story," *Wisconsin Law Review* (2012): 891-962, www. researchgate. net/publication/256023174_Copyright_and_Innovation_The_Untold_Story.

16. *Pitchbook* data. accessed September 1, 2023.

17. "The State of Music/ Web3 Tools for Artists," *Water C Music*, Dec. 15, 2021, www. waterand music. com/the-state-of-music-web3-tools-for-artists/; Marc Hogan, " How NFTs Are Shaping the Way Music Sounds," *Pitchfork*, May 23, 2022, pitchfork. com/features/article/how-nfts-are-shaping-the-way-music-sounds/.

18. Alyssa Meyers," A Music Artist Says Apple Music Pays Her 4 Times What Spotify Does per Stream, and It Shows How Wildly Royalty Payments Can Vary Between Services," *Business Insider*, Jan. 10, 2020, www. businessinsider. com/how-apple-music-and-spotify-pay-music-artist-streaming-royalties-2020-1; " Expressing the sense of Congress that it is the duty of the Federal Government to establish a new royalty program to provide income to featured and non-featured performing artists whose music or audiocontent is listened to on streaming music services, like Spotify," H Con. Res. 102, 177th Cong. (2022), www. congress. gov/bill/117th-congress/house-concurrent-resolution/102/text.

19. "Top 10 Takeaways," *Loud C Clear*, Spotify, loudandclear. byspotify. com/.
20. Jon Chapple, "Music Merch Sales Boom Amid Bundling Controversy," *IQ*, July 4, 2019, www. iq-mag. net/2019/07/music-merch-sales-boom-amid-bundling-controversy/.
21. "U. S. Video Game Sales Reach RecordBreaking ＄43. 3 Billion in 2018," Entertainment Software Association, Jan. 23, 2019, www. theesa. com/news/u-s-video-game-sales-reach-record-breaking-43-4-billion-in-2018/.
22. Andrew R. Chow, "Independent Musicians Are Making Big Money from NFTs. Can They Challenge the Music Industry?" *Time*, Dec. 2, 2021, time. com/6124814/music-industry-nft/.
23. William Entriken et al. , "ERC-721: Non-Fungible Token Standard," Ethereum. org, Jan. 24, 2018, eips. ethereum. org/EIPS/eip-721/.
24. Nansen Query data, accessed Sept. 21, 2023, nansen. ai/query/; Flipside data, accessed Sept. 21, 2023, flipsidecrypto. xyz/.
25. "Worldwide Advertising Revenues of YouTube as of 1st Quarter 2023," *Statista*, accessed Sept. 21, 2023, statista. com/statistics/289657/youtube-global-quarterly-advertising-revenues/.
26. Jennifer Keishin Armstrong, "How Sherlock Holmes Changed the World," BBC, Jan. 6, 2016, www. bbc. com/culture/article/20160106-how-sherlock-holmes-changed-the-world.
27. "Why Has Jar Jar Binks Been Banished from the Star Wars Universe?," *Guardian*, Dec. 7, 2015, www. theguardian. com/film/shortcuts/2015/dec/07/jar-jar-binks-banished-from-star-wars-the-force-awakens.
28. "Victim of Wikipedia: Microsoft to Shut Down Encarta," *Forbes*, March 30, 2009, www. forbes. com/2009/03/30/microsoft-encarta-wikipedia-technology-paidcontent. html.
29. "Top Website Rankings," Similarweb, accessed Sept. 1, 2023, www. similarweb. com/top-websites/.
30. Alexia Tsotsis, "Inspired By Wikipedia, Quora Aims for Relevancy With Topic Groups and Reorganized Topic Pages," *TechCrunch*, June 24, 2011, techcrunch. com/2011/06/24/inspired-by-wikipedia-quora-aims-for-relevancy-with-topic-groups-and-reorganized-topic-pages/.
31. Cuy Sheffield, "'Fantasy Hollywood' — Crypto and Community-Owned Charac-

ters," a16z crypto, June 15, 2021, a16zcrypto.com/posts/article/crypto-and-community-owned-characters/.

32. Steve Bodow, "The Money Shot," *Wired*, Sept. 1, 2001, www.wired.com/2001/09/paypal/.

33. Joe McCambley, "The First Ever Banner Ad: Why Did It Work So Well?," *Guardian*, Dec. 12, 2013, www.theguardian.com/media-network/media-network-blog/2013/dec/12/first-ever-banner-ad-advertising.

34. Alex Rampell, Twitter post, Sept. 2018, twitter.com/arampell/status/1042226753253437440.

35. Abubakar Idris and Tawanda Karombo, "Stablecoins Find a Use Case in Africa's Most Volatile Markets," *Rest of World*, Aug. 19, 2021, restofworld.org/2021/stablecoins-find-a-use-case-in-africas-most-volatile-markets/.

36. Jacquelyn Melinek, "Investors Focus on DeFi as It Remains Resilient to Crypto Market Volatility," *TechCrunch*, July 26, 2022, techcrunch.com/2022/07/26/investors-focus-on-defi-as-it-remains-resilient-to-crypto-market-volatility/.

37. Jennifer Elias, "Google 'Overwhelmingly' Dominates Search Market, Antitrust Committee States," CNBC, Oct. 6, 2020, www.cnbc.com/2020/10/06/google-overwhelmingly-dominates-search-market-house-committee-finds.html.

38. Paresh Dave, "United States vs Google Vindicates Old Antitrust Gripes from Microsoft," *Reuters*, Oct. 21, 2020, www.reuters.com/article/us-tech-antitrust-google-microsoft-idCAKBN27625B.

39. Lauren Feiner, "Google Will Pay News Corp for the Right to Showcase Its News Articles," CNBC, Feb. 17, 2021, www.cnbc.com/2021/02/17/google-and-news-corp-strike-deal-as-australia-pushes-platforms-to-pay-for-news.html.

40. Mat Honan, "Jeremy Stoppelman's Long Battle with Google Is Finally Paying Off," *BuzzFeed News*, Nov. 5, 2019, www.buzzfeednews.com/article/mathonan/jeremy-stoppelman-yelp.

41. John McDuling, "The Former Mouthpiece of Apartheid Is Now One of the World's Most Successful Tech Investors," *Quartz*, Jan. 9, 2014, qz.com/161792/naspers-africas-most-fascinating-company.

42. Scott Cleland, "Google's 'Infringenovation' Secrets," *Forbes*, Oct. 3, 2011, www.forbes.com/sites/scottcleland/2011/10/03/googles-infringenovation-secrets/.

43. Blake Brittain, "AI Companies Ask U.S. Court to Dismiss Artists' Copyright Law-

suit," *Reuters*, April 19, 2023, www. reuters. com/legal/ai-companies-ask-us-court-dismiss-artists-copyright-lawsuit-2023-04-19/.

44. Umar Shakir, "Reddit's Upcoming API Changes Will Make AI Companies Pony Up," *Verge*, April 18, 2023, www. theverge. com/2023/4/18/23688463/reddit-developer-api-terms-change-monetization-ai.

45. Sheera Frenkel and Stuart A. Thompson, "'Not for Machines to Harvest': Data Revolts Break Out Against A. I. ," *New York Times*, July 15, 2023, www. nytimes. com/2023/07/15/technology/artificial-intelligence-models-chat-data. html.

46. Tate Ryan-Mosley, "Junk Websites Filled with AI-Generated Text Are Pulling in Money from Programmatic Ads," *MIT Technology Review*, June 26, 2023, www. technologyreview. com/2023/06/26/1075504/junk-websites-filled-with-ai-generated-text-are-pulling-in-money-from-programmatic-ads/.

47. Gregory Barber, "AI Needs Your Data—and You Should Get Paid for It," *Wired*, Aug. 8, 2019, www. wired. com/story/ai-needs-data-you-should-get-paid/; Jazmine Ulloa, "Newsom Wants Companies Collecting Personal Data to Share the Wealth with Californians," *Los Angeles Times*, May 5, 2019, www. latimes. com/politics/la-pol-ca-gavin-newsom-california-data-dividend-20190505-story. html.

48. Sue Halpern, "Congress Really Wants to Regulate A. I. , but No One Seems to Know How," *New Yorker*, May 20, 2023, www. newyorker. com/news/daily-comment/congress-really-wants-to-regulate-ai-but-no-one-seems-to-know-how.

49. Brian Fung, "Microsoft Leaps into the AI Regulation Debate, Calling for a New US Agency and Executive Order," CNN, May 25, 2023, www. cnn. com/2023/05/25/tech/microsoft-ai-regulation-calls/index. html.

50. Kari Paul, "Letter Signed by Elon Musk Demanding AI Research Pause Sparks Controversy," *Guardian*, April 1, 2023, www. theguardian. com/technology/2023/mar/31/ai-research-pause-elon-musk-chatgpt.

51. "Blueprint for an AI Bill of Rights," White House, Oct. 2022, www. whitehouse. gov/wp-content/uploads/2022/10/Blueprint-for-an-AI-Bill-of-Rights. pdf; Billy Perrigo and Anna Gordon, "E. U. Takes a Step Closer to Passing the World's Most Comprehensive AI Regulation," *Time*, June 14, 2023, time. com/6287136/eu-ai-regulation/; European Commission, "Proposal for a Regulation Laying Down Harmonised Rules on Artificial Intelligence," Shaping Europe's Digital Future, April 21, 2021, digital-strategy. ec. europa. eu/en/library/proposal-regulation-

laying-down-harmonised-rules-artificial-intelligence.

结语

1. Paraphrase of a quote widely attributed to Antoine de Saint-Exupéry, Quote Investigator, Aug. 25, 2015, quote investigator.com/2015/08/25/sea/.